青少年心理自助文库
疗愈丛书

愤 怒

不会作天莫作天

牟林吉/著

人人都会生气。
那么，每当怒上心头的时候，
我们要不要表达愤怒，又该怎样表达呢？

中国出版集团　现代出版社

图书在版编目(CIP)数据

愤怒:不会作天莫作天 / 牟林吉著. —北京:现代出版社,2013.11
(青少年心理自助文库)
ISBN 978-7-5143-1963-7

Ⅰ.①愤… Ⅱ.①牟… Ⅲ.①愤怒-自我控制-青年读物
②愤怒-自我控制-少年读物 Ⅳ.①B842.6-49

中国版本图书馆 CIP 数据核字(2013)第 276011 号

作　　者	牟林吉
责任编辑	张红红
出版发行	现代出版社
通讯地址	北京市安定门外安华里 504 号
邮政编码	100011
电　　话	010 - 64267325 64245264(传真)
网　　址	www.1980xd.com
电子邮箱	xiandai@cnpitc.com.cn
印　　刷	北京中振源印务有限公司
开　　本	710mm×1000mm　1/16
印　　张	14
版　　次	2019 年 4 月第 2 版　2019 年 1 月第 1 次印刷
书　　号	ISBN 978-7-5143-1963-7
定　　价	39.80 元

为什么当今一部分青少年拥有丰富的物质生活却依然不感到幸福、不感到快乐？怎样才能彻底走出日复一日的身心疲惫？怎样才能活得更真实、更快乐？我们越是在喧嚣和困惑的环境中无所适从，越觉得快乐和宁静是何等的难能可贵。其实"心安处即自由乡"，善于调节内心是一种拯救自我的能力。当我们能够对自我有清醒的认识，对他人能宽容友善，对生活无限热爱的时候，一个拥有强大的心灵力量的你将会更加自信而乐观地面对一切。

青少年是国家的未来和希望。对于青少年的心理健康教育，直接关系到其未来能否健康成长，承担建设和谐社会的重任。作为学校、社会、家庭，不仅要重视文化专业知识的教育，还要注重培养青少年健康的心态和良好的心理素质，从改进教育方法上来真正关心、爱护和尊重青少年。如何正确引导青少年走向健康的心理状态，是家庭、学校和社会的共同责任。心理自助能够帮助青少年改善心理问题，获得自我成长，最重要之处在于它能够激发青少年自觉进行自我探索的精神取向。自我探索是对自身的心理状态、思维方式、情绪反应和性格能力等方面的深入觉察。很多科学研究发现，这种觉察和了解本身对于心理问题就具有治疗的作用。此外，通过自我探索，青少年能够看到自己的问题所在，明确在哪些方面需要改善，从而"对症下药"。

我们常听到"思路决定出路，性格决定命运"的名言，"思路"是指一个人做事的思维和发展的眼光，它决定了个人成就的大小；"性格"是指一个人的

品格和心胸,做事要成功,做人必先成功。一个做人成功的人,事业才可能有长足的发展。

　　记得有位哲人曾说:"我们的痛苦不是问题本身带来的,而是我们对这些问题的看法产生的。"这句话正好体现了"思路"两字的含义。有时候我们由于视野的不开阔,看问题容易局限在某个小范围,而自己可能也就是在这个小范围内执意某些观点,因此导致自己无法找到出路而痛苦。如果我们能在面对问题时,让视野更开阔一些,看问题更加深入一些,或许我们会产生新的思路,进而能找到新的出路。

　　视野的开阔在一定程度上决定了思路的萌发。从某种程度上看,思路已是在你大脑中形成的对问题解决的模型,在思路实施前,自己已经通过自身的知识在大脑中做了模拟实施和预测判断。但无论是模型的形成,还是预测判断,都离不开自身的知识结构。知识结构越完善,自己的视觉就越开阔,就越能把握问题的本质,更加容易萌发新的思路。知识储备的广度在一定程度上决定了思路的高度。

　　本丛书从心理问题的普遍性着手,分别论述了性格、情绪、压力、意志、人际交往、异常行为等方面容易出现的一些心理问题,并提出了具体实用的应对策略,以帮助青少年读者驱散心灵的阴霾,科学调适身心,实现心理自助。

　　本丛书是你化解烦恼的心灵修养课,可以给你增加快乐的心理自助术;本丛书会让你认识到:掌控心理,方能掌控世界;改变自己,才能改变一切;只有实现积极的心理自助,才能收获快乐的人生。

C目录
ONTENTS

目
录

第五篇　用幽默的方式化解愤怒

第六篇　好脾气与好运气分不开

目
录

第一篇

养成控制怒气的习惯

自制不仅仅是在物质上克制欲望，对于一个想要取得成功的人来说，精神上的自制也是重要的。人活在纷纭繁复的世界里，难免会遇到一些令人恼怒的事。小则令人发火生气，大则惹人动怒发狠。关键是我们各自怎么去控制它。控制好了，凡事就会一了百了，控制不好，其后果就会难以预料。所以，愤怒时我们应该懂得怎么制怒，悲伤时要懂得怎样转移和发泄，忧愁时也要懂得释放和自解，这样才是最好的排怒策略。

最难控制的是自己

世界上，唯有自己最可怕，也唯有自己最难以对付。那些领悟佛理的人都知道，佛学的道理并不高深，也不需要特意地去做。这样说起来似乎得道成佛很简单，可实际上却几乎没有人能做得到。原因在于，没有人能够把自己完全控制住。人们免不了放纵自己，一任自己情欲的发展。青年人正处于激情旺盛的年龄，控制自己则更需要一番功夫。

人总是很难控制自己的各种情绪。在法庭上，一些犯人对于对方律师的质问通常会以"我不记得了"或"我不知道"来回答。所以聪明的律师就会用尽各种可能的办法来套取证人的供词。有时甚至故意想方设法让证人控制不了自己的情绪。一旦证人上钩，被律师的话刺激得怒不可遏，就会失去自制说出他在冷静的情况下不会说出的证词。

一生的时间，有的人能够成就一番事业，有的人却一事无成。除了机遇不同外，有的人勤奋，有的人懒惰。有些人虽然勤奋，注意力却不集中，老是漫不经心，朝秦暮楚。漫不经心是人最大的弊病，它使得人蹉跎一生，无所成就。而克服漫不经心，就必须得有一定的意志力来约束自己，让自己一次只完成一件事。控制好自己，养成这样的习惯，循序渐进，慢慢培养自己的性格，也就获得了通向成功大门的钥匙。

我们说生气或者是发怒的时候，一定是某件不开心的事情在影响着你，说白了就是你一直在想着那件事情，所以通常有以下几种方法可以控制情绪：

1. 转移

将注意力转移到愉快的事情上去。

2. 分离

分散你的烦恼，把它们各个击破，不要把这个烦恼和别的烦恼联系起来。不要自寻烦恼，人为地加以放大。具体的烦恼，具体解决，不要算总账。

3. 弱化

减弱你的烦恼，对于非原则的刺激，我们必须学会紧急地把住闸门，尽可能不听、不看、不感觉，他让他输入。如果输入了就尽可能不联想、不思考、不记忆。

综上所述，你可以明显看到，与其说是控制怒气，倒不如说是排解怒气，恰当地控制怒气实际上就是把心里的烦闷、气氛等消除。这样一来，性质就不一样了，因为已经不需要控制怒气了，对吗？当你没有怒气的时候，就不会像你想的那样好像压抑着心里很多不愉快的东西，也不会出现明明很生气却强迫自己不去发火的情况，所以说恰当地控制怒气是不会对身心有不良影响的。

心灵悄悄话

人活在纷纭繁复的世界里，难免会遇到一些令人恼怒的事。小则令人发火生气，大则惹人动怒发狠。关键是我们各自怎么去控制它。控制好了，凡事就会一了百了，控制不好，其后果就会难以预料。所以愤怒时我们要懂得怎么制怒，悲伤时要懂得怎样转移和发泄，忧愁时也要懂得释放和自解，这样才是最好的排怒策略。

有自制力才能控制别人

人们常说以身作则；只有自己做好了，才能让别人信服。同样，只有有自制力的人，才能很好地控制其他的人。有这样的例子：

有一次，小江和办公大楼的管理员发生了一场误会，这场误会导致他们两人之间彼此憎恨，甚至演变成激烈的敌对态势。这位管理员为了表示他对小江的不悦，在整栋大楼只剩小江一个人时，他就立即把整栋大楼的电灯全部关掉。连续发生了几次同样的事情后，小江终于忍不住要还击了。

周末下午，机会来了。小江刚在桌前坐下，电灯灭了。小江跳了起来，奔到楼下锅炉房。管理员正若无其事地边吹口哨边添煤。小江一见到他就不由得破口大骂，直到把所有能想到的骂人的话全骂完了这才停下来。这时候，管理员站直身体，转过头来，脸上露出开朗的微笑，他以一种充满镇静与自制力和柔和的声调说道："呀，你今天晚上有点儿激动吧？"

你完全可以想象小江是一种什么感觉，面前的这个人是一位文盲，有这样或那样的缺点，况且这场战斗的场合以及武器，都是小江挑选的。

小江非常沮丧，甚至对这位管理员恨得咬牙切齿，但是没用。回到办公室后，他好好反省了一下，他感觉没有什么其他的办法了，他只能道歉。

小江又回到锅炉房。轮到那位管理员吃惊了："你有什么事？"

小江说："我来向你道歉，不管怎么说，我都不该开口骂你。"

这话显然起了作用，那位管理员不好意思起来："不用向我道歉，刚才我并没有听见你讲的话，况且我这么做，只是泄泄私愤，对你这个人我并无恶感。"

这样一来，两人竟互生敬意，站着聊了一个多小时。

从那以后，两人居然成了好朋友。小江也从此下定决心，以后不管发生什么事，绝不再失去自制。一旦失去自制，另一个人不管是一名目不识丁的管理员还是一名有教养的人都能轻易将他打败。

从这里可以看出，人要想能控制住别人，首先要学会控制住自己。年轻人只有驾驭了自己才能去征服世界。

说到控制，那是件很容易做好的事。我们每个人的心中永远存在着理智与感情的斗争。自我控制是要求一个人按理智判断行事，克服追求一时情绪满足的本能愿望。一个真正具有自我约束的人，即使在情绪非常激动时也能做到这点的。要战胜自己的情绪，必须学会自控，如果不自控，任凭情绪支配自己行动，那只会使自己成为情绪的奴隶！

心灵悄悄话

　　让我们学着自控，千万不要纵容自己，别给自己找任何借口，对自己严格一点儿，相信我们的人格和情绪也会因此变得更完美！

控制自己的怒气

有这么一个头脑简单、爱生气发怒的二愣子，他常常听到别人家的狗叫就跺脚跺上半天。他也知道自己脾气不好，可就是改不了，经常为自己脑袋少根筋烦恼不已。

这时候有人跟他开玩笑说："有钱能使鬼推磨，你干吗不花些钱去买智慧呢？城东安国寺有个聪明的德隆禅师，你可以花钱从他那儿买些智慧啊。"

这个二愣子还当真了，竟连夜跑去找德隆禅师说："只要您能教我如何克制自己的怒气，变得聪明，我就愿意花钱买您的智慧。"

德隆笑呵呵地回答："很简单啊，我教给你十个字，'小怒数到十，大怒数到千'，这样子就可以了。"

二愣子没想到这么简单："这么容易啊。多少钱一个字？"

"我的智慧很贵，每个字要十两银子！"德隆回答。

"你这不是宰人吗？"二愣子忍不住狠狠骂了德隆一顿，气冲冲地赶回家里，发现自己的老婆正跟另外一个人并头睡在一起！

"好啊，这个贱人竟然趁我不在勾引野男人，还睡到我的家里！"怒火中烧的他转身操起把菜刀，就想冲进去砍了这对"奸夫淫妇"。

这时候他猛然想起德隆禅师教他的十个字，就强忍着怒火，开始在心里数数。

刚数到八的时候，那个"奸夫"突然醒了过来，看着二愣子拿把菜刀站在自己面前，吓了一跳说："儿啊，你拿着菜刀来这里做什么！"

原来是二愣子的母亲看儿子迟迟不归，特地过来陪儿媳妇聊天。两

人等得困了，就睡在一起。

二愣子惊出一身冷汗，心想："幸亏有这些买来的智慧，不然我已经杀了我老娘了。"此时，这个二愣子觉得花一百两银子买来这些智慧简直是捡了个天大的便宜。禅宗一向都是提倡忍耐的，他们认为如果任凭自己的怒火泛滥，不但后患无穷，而且很难修成佛果。

西方有句谚语："上帝要想让他灭亡，必先使他疯狂！"愤怒就像决堤的洪水那样淹没人的理智，让人做出不可思议的蠢事。

历史上，怒火烧掉了不少辉煌灿烂的一代王朝。不管是君王一怒沙场见，还是冲冠一怒为红颜，多少人为此死无葬身之地，大批珍贵的物质财富化为灰烬。据统计，怒火给人类造成的损失比全世界烧掉的煤炭还要多出成百上千倍。

怒气犹如藏在人体中的一桶烈性炸药，随时都可能酿成大祸。炸掉的既可能是自己的身体，也可能是自己的事业，甚至是自己最高贵的生命。但是要想真正做到遇事不怒，我们还得让自己掌握一些制怒的方法，并自觉地将它们形成习惯。

在古老的西藏，有一个叫爱迪巴的人，每次生气和人发生争执的时候，就以很快的速度跑回家去，绕着自己的房子和土地跑三圈，然后坐在地边喘气。

爱迪巴工作非常勤奋，他的房子越来越大，土地也越来越多。但不管房子和土地有多大，只要与人争论生气，他还是会绕着房子和土地跑三圈。爱迪巴为何每次生气都绕着房子和土地跑三圈呢？

所有认识他的人，心里都起了疑惑，但是不管怎么问他，爱迪巴都不愿意说明。后来，爱迪巴很老了，他的房子和土地也非常富足。

一天，他生气的时候，依旧拄着拐杖艰难地绕着土地和房子走，等他好不容易走了三圈，太阳都下山了。

爱迪巴独自坐在地头喘气，他的孙子在身边恳求他："爷爷，您年纪大了，这附近的人再也没有任何人的土地比您的多，您不能再像从前一样，一生气就绕着土地跑啊！您可不可以告诉我这个秘密，为什么您一生气就要绕着房子和土地跑上三圈？"

爱迪巴经不起孙子的恳求，终于说出了隐藏在心中多年的秘密。

他说："年轻时，我一和人吵架、争论、生气，就绕着房子和土地跑三圈，并边跑边想，我的房子这么小，土地这么小，我哪有时间、哪有资格去跟人家生气。一想到这里，气就消了，于是就把所有的时间都用来努力工作。"

孙子问道："爷爷，您现在年纪大了，又成了最富有的人，为什么还要绕着房子和土地跑？"

爱迪巴笑着说："我现在还是会生气，生气时绕着房子和土地走三圈，并边走边想，我的房子这么大，土地这么多，我又何必跟人计较？一想到这里，气就消了。"

如果有人招惹了你，你很想发脾气，那么请控制住自己。你可以尝试一下散步、数数、深呼吸等，这样或者可以平复你的怒火，避免争执。如果是你的错，就应该马上道歉；是他人的原因，就向他解释一下，然后走开，避免不必要的对抗情绪。

总之，控制自己的怒火，在为人处世的过程中是必不可少的。

心灵悄悄话

> 在社交活动中，人们都愿意和性格豪爽的人交往。在社交场合，除非是原则问题，不要同别人争得面红耳赤，要表现出有气量、有涵养的样子。

自制才有可能成功

自制不仅仅是一种习惯，同时也是我们获得成功所必备的素质之一。

人有七情六欲，乃人之常情，但人也有些想法超出了自身条件所许可的范围。自制，就是要控制住自己的各种欲望。美人美味，高屋亮堂，凡人无不想得，但得之有度，远景之事，不可操之过急，欲速则不达也，故必须控制自己。否则，举自身全力，力竭精衰，事不能成，耗费枉然。又有些奢华之事，如着华衣，娱耳目，实乃人生之琐事，但又非凡人所能自克，沉溺其中而不能自拔，就不是力竭精衰的小事了，人必然会颓废不振，空耗一生。

古语说得好："历阅前贤家与国，成由勤俭败由奢。"对人也是这样，要取得成功，务必要戒奢克俭。

自制不仅仅是在物质上克制欲望，对于一个想要取得成功的人来说，精神上的自制也是重要的。衣食住行毕竟是身外之物，不少人都能克制，但精神上的、意志力上的自制却非人人都能做到。

年轻人应该从身边的小事做起，练就这种本领。如果你今天计划做某件事，但早上起床后，因昨晚休息得太晚而困倦，你是否还能坚持着离开那温暖舒适的床呢？

如果你要远行，但身体乏力，你是否要停止旅行计划？

如果你正在做的一件事遇到了难以克服的困难，你是继续做呢，还是停下来等等看？

人不能够正确认识自己的事例在生活中随处可见。许多人在踌躇满志的时候，往往不敢正视自己内心的愧疚、仇恨和羞辱；在垂头丧气时，却又不敢相信自己拥有的优点和取得的成就；有些人因为自己偶尔的消极情绪而认为自己是邪恶的，于是，一蹶不振；有些人甚至因为他人对自己的不认可而自暴自弃，实在令人惋惜。

心灵悄悄话

不要因为不能控制自己而影响一生的事业。一个成功的人，其自制力表现在：大家都做但情理上不能做的事，他自制而不去做；大家都不做但情理上应做的事，他强制自己去做，正如"众人皆醉而我独醒"。做与不做，克制与强制，超乎常人性情之外，就是取得成功的因素。

培养自制力

我们如何培养自制力，从而养成自制的习惯呢？

下面介绍几种培养自制力的方法。

首先，是掌握自己的思想。这一点儿可以说是与国人的传统认识相吻合的。没有意识作用先导，人就不可能有具体的行为。控制思想，要知道自己需要的是什么，怎样获得，有什么样的影响。然后再弄清楚，怎样拒绝不能做的事，强制自己专做该做的事，这是方法的问题。最后再掂量一下，自己做了会如何，不做又该如何，这是建立毅力的前提，是由控制思想向控制行为过渡的问题。

"近朱者赤，近墨者黑"。你接触的人对你的影响非常大，一定程度上决定了你会吸纳什么样的知识和概念，在头脑中构建起什么样的理念。这些会极大地影响一个人的处世态度与行事方式。因此，要注意多接触那些优秀的人。这样你与你所接触的人群，相互之间了解了，在做事上也靠近了，便有了合作的意向、托付的意向。他人的这些意向在你身上付诸实施，你就从中获得了一个机会。

大部分人都认为能侃侃而谈就是善于沟通的表现，其实并不完全正确。的确，在很多时候，这些人有奔放的思想、精彩的言辞烘托了交际氛围，使大家能交融在一起，彼此很高兴、友善地交流沟通，然而聆听使他们有机会知悉别人的观点，体会到他人的独到而有魅力的地方，并把这一切融汇到自己的知识与智慧系统中来，从而提高自己。

最后，要控制忧虑。情绪是人的思想与行为的伴生物，而且它会影响到人们下一步的思想和行为。事情做得顺利，智慧迭出，情绪就好，看天，天是蓝的，看花，花是美的，看人，人是精神的；事情还没做完甚至刚起了个头，障碍就一个接着一个，头脑转不过弯儿，情绪上就波动了，看啥都不顺眼，尽管它们和你高兴时所看到的一模一样。

如果情绪仅仅是思想与行为的终极或"排泄物"，那也罢了，糟糕的是，情绪往往会改变你原来的观念，并且对你今后的思想行为乃至处世态度等都有深远的影响。情绪不是思想和行为的终极，而是它们中的一个过程，是一个环节。

心灵悄悄话

你撒下了养成自我控制的习惯的种子，并为之而努力，你就会收获这种好习惯的甜美果实。你播种了宽厚，你就会赢得别人的宽容，你播种了忍让，你就会赢得更广阔的天空。

控制怒气并表达意见

　　无论在工作上和生活中，我们不能避免的是生气和发怒。当然有些时候的生气和发怒是因为对自己的不满，产生情绪上的波动。但更多的时候，是因为别人的言语、行为伤害到了我们，或者没有达到我们内心的期望。当然，有时候当我们看到社会上一些不公平、欺负弱小的事情发生，我们内心的正义感爆发，也会带来怒气。这里，最后的一种怒气是值得赞许的。不过，我们想讨论的不是这样的怒气，而是更多发生在我们人际关系中的怒气。

　　行动方案

　　事实上，对怒气的控制很多人有不同的方法。有的人，虽然心中怒火燃烧，但是他们会用阿 Q 的精神来麻痹自己，认为是"儿子打老子"，或者是"大人不计小人过"等心理暗示，以贬低别人，抬高自己，来求得片刻的安慰。BNET China 商业英才网在与专家的访谈中，了解到这样的一种愤怒情绪控制，对人的心理健康来说是没有益处的。这种方式只是在逃避问题，甚至是逃避面对真实的自己。真正成熟的人是勇敢地面对问题，并用合适的方式去解决问题。健康的心理是让我们向对方承认自己的心理感受，比如"很生气"等，然后提出自己的建议。那么，如何才能有效的控制怒气，并表达意见呢？BNET 商业英才网将提供一些可能的帮助。

　　一、记住和睦的人际关系超过一切

　　中国有句古话，叫"和气生财"。此外，还有"家和万事兴"。我们从这些都可以看到和睦的人际关系对我们工作、生活、身体的益处。

一般发怒的时候，是将自己的利益得失置于和睦关系之上，只求自己舒服、自己痛快，忘记了自己发怒也会伤害到别人，从而影响彼此之间的关系。

二、生气的时候需要深呼吸

记得《圣经》中曾经有话告诫信徒，面对怒气的时候，要"快快地听，慢慢地说，慢慢地动怒"。其实这对于控制怒气是非常有帮助的。很多时候，我们并不了解对方刺激我们的动机，以及背后的原因。可能我们以为的并非是事实真相。当我们设法通过深呼吸或者别的方式，让自己已经一触即发的脾气渐渐缓和下来的时候，我们才有可能理智地面对一切。也许你是用深呼吸，或许你是先数数。总之，不管利用什么方式，我们的建议是要控制你的怒气：慢慢地说。

三、平静地说出自己的感受

我们隐忍了怒气，不要以为事情就可以结束了。很多时候，我们的逃避并不是代表问题的解决。可能绝大多数人都遇到这样的情形，和一些人发生激烈争执的时候，我们发现我们的记性是那么好，我们常常会老账新账一起算。其实这就说明，我们并没有真正消化上次受到的伤害。有建设性的做法是，我们需要直面自己内心的伤害。当我们用平静的心向对方表示我们受到的伤，相信这不仅可以医治我们，也是对那个伤害我们的人有所造就。可能他在今后与你的交流中，他会注意方式方法，在意你的感受。记住，这里只是需要你说出自己的感受，并不是要你去指责对方。

四、将目光定睛于问题上，而非人身上

当我们对人发怒的时候，我们是把火力放在了人身上，常常忽视了问题本身。其实我们的出发点是为了更好地解决问题，但是说着说着，我们已经偏离了起初的轨道。我们控制怒气需要不断提醒自己，我们的目标是解决问题，而非对于人。当我们说出自己的体会以后，一定要将重点转移到问题解决方案的提出上。

刚愎自用的人多表现得狂妄自大、自以为是，做事武断，固执己

見，自认为是天下第一，只有他才是最正确的。因此，这样的人做事情就会盲目冒进，其结果只能一败涂地，别无二法。

历史上这样的人很多，比如大家熟知的三国大将关羽。关羽一生战功赫赫，对刘备忠心耿耿，始终不渝；智勇盖世，过五关斩六将，屡战屡胜，所向无敌。但这些优点导致了他刚愎自用的性格特征。"大意失荆州"正是关羽自负傲慢的性格使他忘乎所以，目中无人，不可避免造就了他的悲剧命运。

心灵悄悄话

> 真正成熟的人是勇敢地面对问题，并用合适的方式去解决问题。健康的心理是让我们向对方承认自己的心理感受，比如"很生气"等，然后提出自己的建议。

愤怒——不会作天莫作天

如何理解怒气的本质

怒气的本质

专门研究怒气问题的心理学家查理斯·斯皮尔伯格教授早就下了定义：怒气——"一种强度各异的情绪状态，从轻微生气到暴怒、狂怒"。愤怒与其他情绪一样，伴着心理和生理的两方面的变化。当你生气时，心跳加快，血压升高，能量激素、肾上腺素、去甲肾上腺素水平都会升高。

怒气可以由内而外，也可以单纯源于外因而产生。比如，对一个特定的人（如爱嚼舌头的同事或狂妄无知的上司）、特定的事件（意外堵车、航班取消）不爽，担忧个人问题或自己苦闷坏了也会导致愤怒。一些伤害性或者刺激性事件的记忆同样也会触发愤怒的情绪。

愤怒是对外界威胁的一种自然反应，可以让我们在受到攻击时进行反抗并保护自己。所以，从这方面来说适当的怒气对于生存是必需的。但另一方面，我们不能对每一个激怒自己的人进行人身攻击，法律、社会道德和常识也影响和规范怒气发泄的尺度。

发泄、抑制和冷静是其中三种最主要的方法，而不卑不亢地表达出自己愤怒的感觉才是最健康的发泄方式。你必须了解自己真正的需求是什么，怎么在不伤害别人的情况下得到满足。自信但不具攻击性地表达怒气不是给他人施压，显示出咄咄逼人，尊重自己也尊重他人。

怒气也可以被暂时抑制，然后改变或转换成其他的东西。你可以把持住瞬间愤怒的情绪，停止思考，并把注意力转移到一些积极的事物上。这虽然是期望把愤怒压制住并转换成更有建设性的行为，但也存在

潜在危险。如果怒气不能转换为外在的发泄，怒气就可能向内转向自己，引起精神过度紧张，高血压或抑郁症。

余怒还会引起其他问题，比如引发病态的表达方式。我们经常看到一些攻击行为，直接向人们报复，却不说明原因，也不是正面应对，或是愤世嫉俗和形成充满敌意的人格。那些经常看不起别人、经常指责并发表厌世言论的人就是这类。

最后，你能从内在冷静下来。这意味着不仅要控制你外在的行为，也要控制内心的反应，慢慢降低心跳速率，让自己平静下来，把激烈的情绪降到正常水平。当以上三种方法都无效时，就有人或物要受到伤害了。

学会管理你的愤怒

怒气管理的最终目的是降低怒气所引起的生理和心理上的反应。虽然我们不能改变那些激怒你的人或事，但可以学会如何控制愤怒的反应。有一些心理测试能够测出你怒气的强度，可以请你身边的朋友或者家人坦诚地谈谈你发怒的问题，帮助自己评估愤怒的尺度是否在合理范围。如果发现有时候失控并感到害怕，说明你过于愤怒。简单的放松工具，比如深呼吸或是冥想，能够平静怒气。一旦学会了这些，就能在任何场合下使用。

（1）. 深呼吸，吸入丹田：不要使用胸式呼吸，而是感觉气息由丹田慢慢吐出。

（2）. 慢慢地重复平静的词汇，比如一边说"放松""没关系"等，一边做深呼吸。

（3）. 利用图像，想一段放松的经历，可以是回忆或者想象。

（4）. 做一些瑜伽之类的慢运动，放松肌肉，感觉平静。

认知重建

简单来说，就是改变自己的思维方法。愤怒的人喜欢诅咒、发誓或者会用一些感情色彩强烈的词语，当人在生气时，想法会很极端，不妨试着把这些转换成更理性的想法。比如，不要告诉自己"真可怕，全完了"，而是"这真令人不可理喻，我很不高兴。但是发火也不能解决问题啊"。和自己或别人说话的时候，要慎用"永远""总是"这些词汇。这会疏远和羞辱那些本可能愿意与你一起解决问题的人。

解决问题

有时候，我们的愤怒和沮丧是由生活中不可避免的真实问题造成的。不是所有的愤怒都是不适当的，它常常是面对困难时的一种健康、自然的反应。这是一个与文化有关的问题。有人相信任何问题都有一个解决的办法，当我们发现事情并不是这样时就会更沮丧。最佳的态度是不要总想着要怎么解决问题，应该把注意力放在怎么着手处理以及面对问题上。

更好地交流

愤怒的人容易直接跳到结果部分，想当然的结果往往夸大了事实。如果正和人争得热火朝天，应该慢下来，想想自己的表现。在脑中停留 3 秒钟很有必要，切忌"冲口而出"。要快速地想，慢慢地说，想清楚再说。同时，认真倾听别人在说什么，回答之前好好思考一下。

伴侣之间，要倾听对面那个愤怒的人背后在暗含着什么，这样可避免冲突上升到灾难化的程度。不妨听听话外音：也许他只是觉得自己被忽视了、没有被人关心而已。运用幽默的"冷笑话"缓和一些微小的怒气。

让我们发火的周围环境使人感觉身陷"牢笼"，火大得很，这时你像个囚徒，很不爽。不妨让自己休息一下，至少要有 15 分钟的个人时间。在刚下班回家的 15 分钟里，谁和你说话也别理睬，除非是房子着火了。过了这段短暂的安静时光，就会感觉好一些，也不太容易动辄就发火。

心理咨询

怒气太大也是病。如果愤怒已经无法控制，正在影响你生活中的人际关系和重要方面，你可以考虑找心理医生或专家来咨询如何更好地进行解决。他们会利用观察和技巧来与你一起改变思维和行为的方法。通

过咨询，一个极端愤怒的人可以在 8～10 周后接近中等愤怒水平。这也不错。

自信心训练

通过学习如何变得自信，不与人事事计较可减少愤怒中的攻击性。记住，你不能彻底终结愤怒，而且遇到任何过分的情况都不发火也不是一件好事情。生活的滋味里会充满沮丧、痛苦、损失和其他未知因素，不需要也无法根本改变它们，但你可以改变这些事情对自己的影响，使你免受更多的不愉快。

心灵悄悄话

青年处于性格形成和寻求自我的时期，通过否定权威和标新立异可以在心理上求得自我肯定的满足感。青年人取得社会的认同不仅是简单地采取适应社会规范的途径，而且还希望社会承认他的价值和地位，从而获得与社会之间的互认。因此，他们往往表现得较偏执，好表现自己，有意采取与其他人不同的态度和行为，以引起别人的注意。而这样的行为又与社会现实显得格格不入，从而在心理上造成挫折感，导致悲观厌世，甚至认为自己满身才华而又无处施展，牢骚满腹而又一无所成。

第二篇

在愤怒中保持冷静

不管在任何环境下,遇到任何突发事件,都要像念"咒语"一样,反复默念这七个字:"遇事冷静三分钟"!用这句话,让冲天的怒气,散掉!让心中熊熊燃烧的烈火,熄灭!让起伏的心潮,平静!把忍无可忍的冲动,忍住!让发热的头脑,冷静!冷静!再冷静!这时,你可以忘掉你的名字,甚至可以忘掉你自己,但是,你必须牢牢地记住"冷静"这两个字!

实际的情形是,无论任何的场景和气氛,只要你能冷静三分钟,你都能调整好你的情绪和心态,你总能作出理性的正确的判断和决定。

不冲动，不率性而为

人的一生就如同下棋一样，每个棋子都有自己的走法。如果没有这个规则，棋也就下不成了！有人说，冲动是魔鬼。率性而为则是冲动的祸根。率性而为的人，往往不会考虑行动的后果，只会按照自己的意愿行事，其结果必然是害人害己。因为，这个世界不只剩下你一个人，如果你率性而为，就会伤害到别人。而你自己所做的每一个决策，也有可能因为冲动而导致失误，让你离成功越来越远。

小林进入公司两年了，可是老板一直不给他加薪。一天，开完会后，小林大发雷霆，向周围的同事大声诉说自己的功劳，并认为自己有加薪的资格，说到激动处，竟连老板的一些毛病也抖了出来。第二天，小林被请出了公司。

小林或许不知道，大部分的老板对那种说话冲动、做事不计后果的员工都较为反感，相反，他们会比较关心那些冷静、办事周到的人。简单地说，在老板面前冲动、率性而为，通常会产生不良的后果。要知道，你的生杀大权是掌握在老板的手中的。

小李是一位冲动、率性而为的人。其实，他的心眼不坏，但脾气说来就来。发脾气时，他不管对方是什么人，针对的是什么事，只要他觉得不满意，牢骚的话就会脱口而出。

一次，他和同一个小组的阿兵负责做一份市场调查，但其中的一组数据出现了错误，原因是阿兵没有检查到位。因此，小李这个小组受到了公司的批评，而且被扣除了当月的奖金。

小李知道这件事后，怒气冲冲地找到主管说："数据错了，应该由阿兵一个人负责，你凭什么扣除我们小组其他人的奖金？我要去找总经理，为自己讨个公道。"说完，他把手里的报纸狠狠地扔到了主管的面前。

第二天，小李接到了公司的解雇书。毫无疑问，小李被"炒鱿鱼"与他冲动、率性而为的性格有直接的关系。因为他从来不知道主动控制自己的情绪，对所有事都率性而为，完全不顾后果。这次，他为自己的任性付出了沉重的代价。

在生活中，你无法改变别人的行为，摩擦也就形成了。如果你冲动、率性而为，经常因为别人的一丁点儿错误就大发雷霆，不顾后果去指责别人，身边的人就会离你而去。因为，人都是有尊严的，都希望得到别人的肯定、尊重、支持和理解。如果你一味地冲动、任性，就容易刺伤别人的自尊心。一旦他们不能容忍，冲突和矛盾就会产生，感情也就容易破裂，最后，你可能会成为孤家寡人。

小丽长相出众，散发着一种明星的气质。她刚到某公司做文员时，人家见她身材高挑，长相出众，都笑着说："你来做文员太屈才了，你可以去做电影演员啊！说不定更有前途！"

事实上，小丽不仅做过演员，而且还曾与一个非常重要的角色失之交臂，那是一个可以令一名默默无闻的女演员在一夜之间红得发紫的角色。那么，小丽是怎样错过这个可以让她成名的机会的呢？当时，导演挑女主角，挑来挑去，最后只剩下两位候选人——小丽与那位日后走红的女主角。论外形和气质，这个角色非小丽莫属，然而小丽脸上几颗隐瞒不了的青春痘使导演有点儿犹豫。导演虽然有些犹豫，但还是偏向于小丽的，因此和剧组的人多次商量要用她。但是，导演的这一做法引起了另外一位女演员的不满，她经常当着别人的面侮辱小丽，认为她不如自己。

一贯冲动、率性而为的小丽肯定咽不下这口气。于是，她退出了竞争，随即又辞职，向另一位女演员发出挑衅，说自己不当这个女主角以后也定能红火。但后来，她还是改变不了自己冲动、率性而为的性格，频频失去可以施展才华的机会。到现在，成了一位普通的白领，偏离了自己的人生轨道，从事着自己并不喜欢的职业。

如果小丽当初不率性而为，那么，今天的她可能是一位很有名气的影星了，但是冲动使她失去了成功的机会，到最后只能做自己不喜欢的工作。可见，机会是不等人的，任何时候的冲动和率性而为都要付出代价。

心灵悄悄话

当自己忍不住想去做某件事，而后果却会很严重时，不妨先"叫停"，让自己等一等，冷静思考一下这样做是否值得。养成了"叫停"的习惯，你就可以逐渐改变率性而为的性格。如此一来，你就能调整好自己的心态，你的沮丧、痛苦和生气的程度也会大大降低。

小不忍则乱大谋

君子忍人之所不能忍，容人之所不能容，处人之所不能处。

办公室里的钩心斗角、尔虞我诈，领导上司的咆哮指责，生活中烦琐的小事都会让你难以忍受。于是，心中的怨气就变成了熊熊怒火，引起了一场场硝烟弥漫的战争，也让一个人的愤怒暴露无遗。说起来，引起人们愤怒的都是些微不足道的小事。冷静几分钟，你就会觉得：为这些小事发脾气很不值得。

孔子说：小不忍则乱大谋。意思是说：凡事应忍耐、包容，如果一点儿小事都不能容忍，脾气一来，就会坏了大事。所以，做人要有忍劲儿，坚忍下来，才能成事。纵观古今中外，能成大事之人必定是有大忍之心的人。而在我们的生活中，能忍一时之不快的人，其命运也会发生翻天覆地的变化。

古代有个叫尤翁的人，开了家典当铺。

有一年临近除夕，尤翁忽然听到当铺门外有一片喧闹声。他出门一看，原来有位穷邻居在门外撒泼。柜台的伙计对尤翁说："他本将衣服当了钱，但现在又来取。不给他衣服，他就破口人骂。"

伙计好言相劝，但门外那位穷邻居仍然怒气冲冲，不仅不肯离开，反而坐在了当铺门口。

尤翁见此情景，从容地对那位穷邻居说："我明白你的意图，不就是为了渡年关，要些衣服过冬嘛！这种小事，值得一争吗？"

于是，他命店员找出穷邻居的典当之物，共有衣物蚊帐五件。

尤翁指着棉袄说："这件衣服，抗寒不能少。"又指着长袍说："这件给你拜年用，其他的东西不急用，现在还是留在这里。"

那位穷邻居拿到两件衣服，不好意思再闹下去，于是立刻离开了。

当天晚上，尤翁的穷邻居竟然死在了别人的家里。

原来，此人打了一年多的官司，因为负债过多，不想活了，但家里其他人还要生活，于是他就先服了毒药，想去敲诈别人。他知道尤翁家富有，想敲诈一笔，结果尤翁能忍耐，没有成为他的发泄对象，于是他就转移到了另外一家。

事后有人问尤翁，为什么能够事先知情而容忍他。尤翁回答说："凡无理来挑衅之人，一定有所依仗。如果在小事上不忍耐，那么灾祸就会立刻到来。"

尤翁的忍耐，让他免去了金钱上的损失，还求得了一个心安。如果尤翁不能忍耐，那么他丧失的就不仅是金钱，还可能会引来牢狱之灾。所以说，在小事上不能忍，不仅难以成大事，灾难或许会很快到来。只有忍耐之人，才能成就一番事业。

隋炀帝在位期间非常残暴，引起了众人的愤慨。当各地农民起义风起云涌时，隋朝的许多官员也纷纷倒戈，转向帮助农民起义军。因此，隋炀帝的疑心变得很重，对朝中大臣，尤其是外藩重臣，起了疑心。

当时的唐国公李渊曾多次担任中央和地方官，他悉心结交各地的英雄豪杰，多方树立恩德，因而声望很高，许多人都来归附于他。如此一来，人家都替他担心，怕他遭到隋炀帝的猜忌。

正在这时，隋炀帝下诏，让李渊到他的行宫去晋见。李渊因病未能前往。隋炀帝很不高兴，于是产生了猜疑之心，也有了诛杀之意。当时，李渊的外甥女王氏是隋炀帝的妃子。隋炀帝便向她问起李渊未来朝见的原因。

王氏回答说是因为病了，隋炀帝又问道："会死吗？"

王氏把这消息传给了李渊，李渊便更加谨慎起来。他知道自己迟早会为隋炀帝所不容，但过早起事又力量不足，只好隐忍等待。因此，他故意败坏自己的名声，整天沉湎于声色犬马之中，而且大肆张扬。隋炀帝听到这些，便放松了对他的警惕。就这样，李渊在隐忍中开创了唐朝。

李渊正是因为忍让，才可以在太原起兵，随后建立了唐朝。如果他当时不能忍住心头之气，其结果必定是另外一个样子。所以说，为人处世忍辱负重，是一种韬晦、有涵养、胸襟宽广和目光远大的象征，也只有隐忍者，才能成就大事。在古代，越王勾践卧薪尝胆，忍辱负重，得以复国；韩信忍受胯下之辱而最终成就大业。

心灵悄悄话

人的一生中有很多不如意的事情，如遭到他人的误解、嫉妒、辱骂。而对这一切，谁都不愿意成为让他人发泄愤怒的工具。但是，你要知道，气愤来自于他人不公平的指责；委屈来自于他人对自己人格的侮辱；忍气是为了顾全大局，求得安全，这样幸运的事才会光顾。正如古人所言："吃亏人常在，能忍者自安。"

家庭对性格的影响

从遗传学的角度看父母个性对孩子个性的影响时，只能说孩子的个性主要受遗传因素的影响，但不能绝对地说，有其父必有其子。事情没有绝对的。孩子有可能在个性方面酷似父母，但也有可能发生很大的变异，这就要谈到父母个性对孩子个性的间接影响。

家庭环境对孩子个性的影响可分为积极影响和消极影响。这就要涉及父母两人个性的相互影响、配合问题。首先，父母个性的相映成趣对孩子个性的形成、发展和丰富具有积极的促进作用。比如，父母中有一位是黄胆汁质气质，另一位是黑胆汁质或黏液质气质，这样两种个性刚好形成互补。这样的父母一唱一和，松弛有致，孩子就能从父母的言行举止中感受到家庭的魅力、生活乐趣、人生的幽默感。生活在这类家庭中的孩子往往会形成乐观、开朗的个性。相反，若是父母的气质类型相同（多血质还好点），要发脾气两人大动干戈，要温柔起来，两人情意绵绵，家庭环境也形成夏日型环境：一会儿狂风暴雨，一会儿晴空万里。这样的个性组合对孩子个性的形成往往具有消极影响。他们往往对父母的行为感到不知所措，再开朗、乐观的孩子也会变成一副坏脾气，沉默、抑郁、苦恼、少年老成。

成功的父母是孩子的明天。社会学认为，人的一辈子要扮演诸多的角色：为人子女；为人夫妻；为人父母；为人下属，为人上司；与人为友，与人作对，与人为邻……永远都不得空闲，不管你喜不喜欢，由此而衍生出来的各种关系把你困在网中央。

好强的性格是每个人都具有的一种秉性，只是强弱的程度不同罢

了。每一个小孩子都有成功的愿望，都希望自己比别人强，希望得到老师的表扬和同学们的认可。这与人们追求至善至美的天性是分不开的。没有争强好胜的精神，赛场上就没有你追我赶，就没有拿金牌、破纪录。可以肯定，赛场上的运动健儿都是具有争强好胜性格的人。许多情况下，正是由于人的争强好胜才不断地取得自我发展和自我完善。

好胜的人从小就信奉这样一句格言：别人所具有的我必具有。在他们的生活中，他们从不放过迎接挑战的任何机会，哪怕是稍纵即逝的机会。他们认准的目标绝不放弃，不管那个目标看上去是多么难于到达。遇到困难也不罢休，对任何事情都有一种不满足感，四处奔忙。个性特别好强的人，绝不能落后于别人，发现有价值的东西绝不放弃，学到新东西如获至宝。对于好强型性格的人来说，成功只是时间问题。

但是成功并不代表快乐、幸福，争强好胜的人虽然在事业上更容易做到出类拔萃，但是如果在爱情、婚姻、家庭中不加以收敛，那么处处攀比，而极易导向另一个极端，雄心勃勃，脾气暴躁，常常为一些小事就大发雷霆，常常与人"争风吃醋"。这争风吃醋更是令旁观者看不明白。他可以没有对手时自己认定人家是对手；他可以因"争风"而把"醋"泼向毫不相干的人……情场上的争风吃醋是争强好胜性格的变态反应和登峰造极的发展。另外，由于过于追求事业和功名，对个人的健康却常常忽视，他们不会享受生活的乐趣，不懂得如何照顾自己，常使自己整天处在紧张和压力之中，因此压力过大，目标过高，梦想过多，自律过严，特别容易导致精神抑郁、行为的脱轨。过得不快乐，甚至是一生痛苦。最典型的例子莫过于金庸先生的武侠名著《侠客行》中的梅芳姑。

梅芳姑是一个有着绝色容貌的多才多艺的女子，但是她心仪的男子石清喜欢的却是一个样样都不如她的女子闵柔，梅芳姑为此百思不得其解。十多年后，她质问石清当年她的容貌与闵柔相比谁美，石清答是她美；她接着问武功是谁高强，石清答是她高强；她又问文学修养是谁高，石清答闵柔自然比不上她。梅芳姑冷笑道："想来针线之巧，烹饪之精，我是不及这位闵家妹子了。"石清答道："闵柔既不会补衣裁衫，也不擅烹饪，连炒鸡蛋也炒不好。"梅芳姑厉声问："既然如此，为什么你偏偏跟闵柔好，而不喜欢我？"石清说："你样样比我闵师妹强，不但比她强，比我也强，我和你在一起，自惭形秽，配不上你。"梅芳姑终于明白，于是惨叫一声，自杀而死。

梅芳姑的可悲并不在于她的多才多艺，黄蓉何尝不是多才多艺？梅芳姑可悲就可悲在她太争强好胜，而且自以为本领第一，就能够要什么有什么。得不到意中人便自毁容貌、夺人儿子，最后愤而自杀。这样的人，不论谁都不会过得快乐，也不会讨人喜欢。

此外，人际关系中的争长论短，飞短流长，是是非非等，也都与争强好胜有关。而名利场上那些因争权夺利而身败名裂的事例也无不是争强好胜的性格作祟。

由此可见，争强好胜的性格具有两面性。其积极的一面可以使人在事业上拼搏发展，其消极的一面则会使事业毁于一旦。因此，保持一颗平常的心，也许会过得怡然自得。

心灵悄悄话

在人生的过程中，家庭是子女最早接触的教育环境，父母是子女最早接触的教师，因此父母的性格对子女最具潜移默化的影响。

第二篇 在愤怒中保持冷静

越愤怒越要冷静

一怒之下跺石头，只会痛着脚指头。

有位哲人曾经说过：面对愤怒时，忍住一分钟。当忍了一分钟后，你就能忍三分钟；忍了三分钟，就能忍十分钟……这样的忍耐过后，人就会变得心胸开阔。而在愤怒时保持冷静，用温和的姿态去对待让你愤怒的人，你就占了上风，在不知不觉间以守为攻，后发制人。而这样的效果，要比马上发怒好得多。

唐高宗李治当政时期，许多官员不满武则天干政，便联名上书皇帝，要求废除皇后。李治在重压之下，不得不同意这样的决定。当上官仪拿着李治颁发的废除武则天的圣旨，准备向武则天宣读时，武则天没有惊慌，更没有愤怒，而是用平静掩饰着内心的怒火，用哀怨可怜的声音感染了李治，从而救了自己一命，还借机扳倒了上官仪。

当时，李治和上官仪同行到武后宫中，拿着诏书，准备宣读。武则天看着上官仪说："哟，上官大人也来了，今天是有事吧？您先坐吧。"武则天盯着上官仪的眼睛，目光寒冷，却笑容满面。上官仪躲开武则天的逼视，干咳了几声，侧脸望着李治，想以此来告诉李治，不能心软。

"上官大人手里拿的是什么东西呀？"武则天问道。

上官仪想得到一些暗示，可是李治什么话也没说，他只好敷衍道："是一本书。"

"书？"武则天一愣，再次凝视着上官仪。

上官仪一直逃避着武则天的目光，武则天心里就明白了八九分。她把目光转向太平，说："太平你过来，你的学问怎么样了？"接着又说："上官老师，您应该好好管教管教她，教她一些朝廷的礼仪。"说到这里，武则天话锋一转，问上官仪："您那本书能让我看看吗？"

上官仪乞求似的望着皇上，企盼他能控制住这种场面。李治却一声不吭。上官仪知道一切都完了，只好把诏书递给武则天。

武则天拿过诏书，看也不看一眼，转而对身边的小太平说："我今天要考考你，你把这本书念给我听。"

小太平看了看诏书说："母后，孩儿有许多字还没学呢。"

"没关系，只管念就是！"

小太平接过诏书，磕磕巴巴地念了起来："什么什么……野心……伪临朝武氏，性非温顺，什么妖媚惑主，残害忠良，什么屠兄……母后，孩儿不认识。"

武则天强压住怒火："太平，就念最后一句吧！"

"废皇后……"

武则天把诏书拿了过来，看了看。她从不会感情用事，不会一哭二闹三上吊。她沉着、冷静，善于应变。而对废后的人事，她很快就整理好了自己的情绪。接着，她一言一词对上官仪说："您真不愧是大唐的头号才子，文章写得非常漂亮。"说着说着，她眼中就充满了泪水，但她却在心中另谋后路，计划该如何后发制人，反败为胜！

"皇上，您是明天上朝宣旨，还是现在就宣了？"面对满腹冤屈的武后，李治就像泄了气的皮球一样完全垮了。而上官仪知道此事已无可挽回了，只能坐以待毙；屋内出现了难堪的沉默。

第二天在朝堂上，李治比平常更显威严地坐着，武则天一如既往，依然目光祥和，笑脸迎人，只有上官仪没有到。

原来，皇上把上官仪派到很远的地方去了。因为那一纸废后的诏书，上官仪被流放了，理由是他与原太子李忠密谋造反。

试想一下，如果武则天在看到上官仪手中的圣旨时大吵大闹，或破

口大骂，那么只会加强李治废除她的决心。但武则天是聪明的，她选择了不哭不闹不生气，用情去感动李治那颗摇摆不定的心。她充分利用了自己的智慧，使事情朝着有利于自己的方向发展。而这一结果的出现，则来源于她能够在关键时刻抑制愤怒，平衡自己的情绪。

愤怒所带来的后果是难以预料的，我们一定要善于控制自己的愤怒，以免做出让自己后悔的事情。如果你是一个易于愤怒却不善于控制的人，建议你学着写"愤怒日记"，记下你每次发怒的情况及引起你发怒的事情，标明生气的程度，并在每周做一个小结，这会使你认识到，什么事情会经常引起你的愤怒，并找到处理愤怒的合适方法，从而学会正确地疏导自己的愤怒。

心灵悄悄话

在生活中，我们要学会越愤怒越冷静。冷静下来，你才能更加透彻地剖析事情的起因与发展，从中找到有利于自己的因素，后发制人。愤怒时，情绪容易激动，思考的时间就少了，这样就容易失去理智，意气用事，将人生带入不可追悔的地步。

多检讨自己，少怪罪别人

自我批评和检讨，就如阳光、空气和水一样对我们重要。

很多人遇到了不愉快的事情，就去怪罪别人，抱怨别人的错误，很少有人能检讨自己，因为怪罪别人往往比检讨自己更加容易。但是，经常怪罪别人会让身边的人远离你，使你最终成为孤家寡人。

一位哲学家曾经问学生：如果你同时养了猫和鱼，但是有一天你出门，回来后发现鱼被猫偷吃了，你觉得应该怪谁？

毫无疑问，几乎所有的学生都埋怨猫。

哲学家笑了笑："猫当然有责任，但除了责备猫，你更应该责备你自己。猫吃鱼是它的本性，你明知猫会偷吃鱼，却不做任何防范，导致事故的发生。所以，事情的责任完全在于你。同样的道理，你明明知道人性有弱点，却不加防范，因此，当你吃亏后，不要埋怨别人，应该检讨自己。"

这个故事看起来似乎非常简单，但所涉及的哲理却可以让人受用一生。当我们遭遇失败或者不顺心时，都会努力为自己开脱，将原因归结为他人或者环境的不是，从来不会从自己身上找原因，因此导致愤怒的发生。如果你能从自己身上找原因，其结果就会好得多。

认识自己似乎应该是不成问题的事。谁又能连自己都不认识呢？但是事实上却是，很多人并不能真正地认识自己，了解自己。

这是一个不争的事实，因为要想完全了解自己的确不很容易。个人

某些身体方面上的品质，如身高、体重、血压、血糖……是有工具或仪器可以衡量，而且可以用数量来表示，因此我们有机会知道自己在这些方面的情况。

但对其他方面的品质的衡量，就不是那么简单了。心理学家虽然制定了很多测验和量表，但是都必须由曾受专业训练的人去实施和解释，一般人还不知道怎样去利用那些工具。

同时还有一些复杂的品质，是目前尚没有方法或工具直接量度的。人们只能利用简单的方式来获得一些对自己的认识。

通常最普遍的方式，就是利用实际的工作成绩，利用自己和别人相比较的结果，将自己和某个理想的标准相比较，或是根据别人对自己的态度等来推断。

其实，发脾气既伤害自己又伤害别人，同时也向身边的人传递着你缺乏修养、气量狭小或情绪不健康的信息。因此，我们应当努力克服和避免发脾气。

在生活中，胡搅蛮缠的人有很多，他们也有让人愤怒的本领，但如果你此刻发怒，只会让场面失控。为了不让事情朝着坏的方面发展，你要做到以下几点：

一、放慢说话的速度。遇到引人愤怒的人和事时，多做几次深呼吸，并与他人逐字逐句地讲话，以平息上升的"火气"，而你放慢了说话的速度，就可以达到制怒的目的。

二、学会逆向思考。即朝引起发脾气的导火线的相反方向去思考。这样，就能较客观、较宽容地去看待问题和对待人，避免发无名之火。

三、控制自己的行为。发脾气常常是因为对客观事物产生了不满的情绪。因此，我们要学会控制自己的行为。在发脾气时，可以主动和父母、同事交流思想，向亲人倾吐自己的苦闷，或者采用写信、写日记的办法，以达到调节心境的目的。同时，不要在生气的时候作出任何决定。

四、接受别人的劝告。一般来说，一个人在发脾气时，自控力减

弱，就会难以控制自己的嘴巴与行动。而此刻，别人的劝告可以缓解你激动的情绪。因此，在关键时刻，你要接受别人的劝告，给怒火装个"闸门"，以免事情偏离预定的轨道。

世界上从不发脾气的人恐怕是没有的，但不为一些琐事发脾气几乎所有人都能做到。要做到不为小事发脾气，最重要的是加强文化修养，拓宽自己的心理容量，不要为区区小事而计较个人得失，要培养容人之量，学会理解，学会谅解，学会容忍，学会控制，多检讨自己，少怪罪别人。

不在愤怒时作决定

"愤怒"一旦与"愚蠢"携手并进,"后悔"就会接踵而来。

人在愤怒时,很难理智与客观地看待问题和处理事情,作出的决定也往往是轻率的。这些决定,可能会让你后悔终生,也可能让你丢失生命中最宝贵的东西。

一群喜爱打猎的人相约去打猎。他们一大清早便出发,可是到了中午仍没有任何收获,人家只好闷闷不乐地返回帐篷。

可是,有位猎人很不甘心,认为空手而归不是一个好猎人的行为。因此他带上了皮袋、弓箭以及心爱的飞鹰,独自一人走回山上。

烈日当空,猎人沿着羊肠小径往山上走,一直走了几个小时。猎物没有看到,却越来越口渴,但他又找不到水源。

后来,他来到了一个山谷,见有水滴从上面流下来。猎人非常高兴,从皮袋里取出金属杯子,耐着性子用杯子接流下来的水。

当接到七八分满时,他高兴地把杯子拿到嘴边,想体验一下畅饮开怀的感觉。就在这时,一阵疾风猛然把杯子从他手里打了下来。

水本来已到嘴边,口渴的问题就要解决了,可水却给打翻了,猎人非常气愤,抬头看见自己的爱鹰在上空盘旋,却又无可奈何,只好重新拾起杯,继续接水。

当再次接到七八分满时,又有疾风把水杯弄翻了,原来又是他的鹰干的好事。猎人愤怒到极点,生了报复之心,他想:"好,你这老鹰不知好歹,专给我找麻烦。我非得好好整治你这家伙不可。"

猎人一声不响，从地上捡起水杯接水。当又接到七八分满时，他悄悄取出利刃，夹在掌心，然后把杯子慢慢往嘴边移近。老鹰再次向他飞来，猎人迅速拿出利刃，把鹰杀死了。由于他的注意力集中在杀死老鹰上，就忘了手中的杯子，因此杯子掉进了山谷里。

猎人心想，既然有水从山上流下来，上面也许有蓄水的地方，必定是湖或泉。于是，他忍着口渴，拼尽力气往山上爬。几经辛苦，他终于攀到了山顶上，那里果然有一个蓄水的池塘。

猎人兴奋极了，立刻弯下身子，想要喝个饱，却忽然看见池塘边有一条毒蛇的尸体。

这时，猎人才恍然大悟："原来飞鹰救了我一命，它几次打翻我手中的水，我才没有喝下受了蛇毒污染的池水而被毒死。这次是我做错了。"猎人现在的后悔还有没有用？显然没有用了。为什么会发生这样的悲剧？那是因为猎人被强烈的愤怒击溃了理智，以至于忽视了最基本的判断与核实的想法。这也是一个人在愤怒时作出决定的后果。

几乎所有的在狱囚犯都表示过后悔，几乎所有的刑事案件都是由于在生气的时候作了一个不理智的决定而发生的，几乎所有罪犯在接受采访时都表示过"如果当时………"因此，从很多恶劣的后果来看，在生气时能否拥有理智，将从根本上影响人的一生。

有一对夫妻很恩爱，但生活却很贫困。他们都认识到了自己的责任与压力，于是男人决定出去打工赚钱，使妻子过上富裕的生活。

男人背上简单的行李，在几次碰壁后来到了一个庄园工作。他从不偷懒，对工作兢兢业业，因为他要攒够钱让妻子过上幸福的生活。

一晃20年过去了，男人赚的钱已足够让妻子过上好日子了。于是，他决定回家。一路上，男人都怀着喜悦的心情。但是，到家后，他远远地看到一个男子伏在妻子的膝上，而妻子还抚摸着他的头发。

看到这种场面，男人很愤怒，他火冒三丈，想亲手杀掉他们。但

第二篇　在愤怒中保持冷静

是，他记起了临走时庄园主人送给他的一句话：遇事一定要保持冷静。于是，他渐渐冷静下来。他想妻子这些年也不容易，既然她选择了另一个人，那么就应该祝福她。所以，男人想对她说句祝福的话，然后离开。第二天，男人回家了。妻子见到他回来了，非常兴奋，而他却平静地对她说："祝你幸福。"妻子不明白他为什么这样说，于是他问妻子为什么背叛他。妻子惊讶地说："我没有背叛你！"男人问："昨天和你在一起的那个男人是谁？"

妻子明白了，说："那是我们的儿子。你走时我就怀孕了，怕你担心，没有告诉你。儿子现在已经20岁了。"说完，她把儿子领到了男人身边，正是昨天伏在妻子膝上的男子。

人是感性动物，生活在爱恨情仇的交织中，而人生又处在不断的选择之中，有些选择或许无关痛痒，但有些选择却事关大局；有些失误可以尽力弥补，有些却无力回天。因愤怒而作出错误的决定，在每个人身上都发生过。如果你没有被那错误的决定所伤害，你就要感到庆幸。但幸运并不会永远垂青于你，所以要想让自己的一生都不偏离轨道，就请记住这句忠告：在愤怒的时候不要作任何决定！

心灵悄悄话

> 的确，怒气就像炸弹一样，具有爆炸力。一旦这枚炸弹被引爆，后果将不堪设想。同样，在这种情况下作出任何决定，都有可能失去理智，从而给自己带来无可挽回的损失。

愤怒可以毁灭一个人

如果在愤怒时说话，将会作出最出色的演讲，但却会令你终生感到悔恨。

当我们发怒时，情绪就会蒙蔽我们的眼睛，干扰我们的理智，混乱我们的思维，动荡我们的心灵，使我们的身心处于一种非正常的状态，从而作出与我们的真实想法背道而驰的选择。这种选择，是可以让我们毁灭的。

公元前203年，是楚、汉相争的关键时刻。西楚霸王项羽为了打通粮道，解决军中严重缺粮的问题，决定东击彭越。

项羽在临行之前，把大司马曹咎叫到跟前，嘱咐他说："谨守成皋，则汉欲挑战，慎勿与战，毋令得东而已。我十五日必诛彭越，定梁地，复从将军。"其意思是要曹咎无论如何要在半个月的时间内守住成皋，一定要等他回来再和汉军决战。

项羽走后的前几日，曹咎尚能记住项羽的交代，任汉军怎么挑衅，都坚决按兵不动。

久而久之，曹咎禁不住汉军的激将法和诱敌计，受不了汉军越来越升级的辱骂，最后被愤怒冲昏了头脑，被虚假战机欺骗了眼睛，凭着一时之气，置项羽的命令于不顾，冒然率军离城出战，结果在横渡汜水时中计，导致大败，而他自己也畏罪自杀了。

成皋失守后，汉军掌握了战场主动权，项羽的败局就此确定。

大司马曹咎被激怒后的冲动，使他忘记了自己的职责与使命，忘记

了当前的目标与任务，最终在错误的心态下作出了错误的决策。这一决策，不仅使他丢失了守卫的重镇，丢掉了自己的性命，更丢弃了一个历史机遇。如果曹咎能够稍微忍耐一下，其结局就会有很大的变化。

由此我们可以知道，一个人被激怒的时候，也正是他心理防线最脆弱的时候。此时，一点儿风吹草动就能令他彻底失去判断的能力而全线崩溃。

所以说，如果你想要做出一番事业，首先就要学会制怒，遇事先冷静地思考，千万不要冲动，以免陷入他人布下的陷阱。

有一位运动员犯下了杀人的罪行，是因为愤怒。

这位运动员在未犯罪之前，可谓人生辉煌。他曾经多次带队参加全国和国际性的比赛，并取得了好成绩。为此，国家体委曾给他记功授奖，还曾选他为省里的"十佳运动员"。

这位运动员有一位温柔漂亮的妻子，但他只顾着自己的事业，长年奔波在外参加训练和比赛，对家庭照顾极少，忽略了妻子的感受。妻子要上班，又要一个人带孩子、做家务，经常忙得焦头烂额，难免责怪丈夫不体贴。久而久之，夫妻间的裂痕随着情绪污染、相互埋怨而慢慢扩大了。

后来，他的妻子认识了一位做汽配生意的老板。这位老板为运动员妻子的美貌所倾倒，就对她大献殷勤、关怀备至。就这样，运动员妻子的理智防护堤决口了，她与这位关心自己的老板走到了一起，而此时运动员正在外地比赛。

比赛归来后，毫不知情的运动员见妻子对自己很冷淡，禁不住怒火万丈，他冲着妻子怒吼道："你是不是变心了，不想跟我过了？"

妻子也毫不示弱地叫道："我就是看上别人了，就是不想跟你过了，怎么样？"

这句话就像晴天霹雳，让运动员不知所措。他在盛怒之下，给了妻子一记重重的耳光。从此，一个和睦的家庭出现了难以愈合的裂痕，最后他们选择了分手。

有一天，运动员和朋友友们聚会，他看到别人都带着孩子、妻子，唯独自己孤身一人，便决定回去看看前妻和孩子。

他到了妻子住的地方，刚好撞上了前妻和那位老板在一起。按道理，此时的他已没权利去干涉前妻的个人感情，但这位运动员已被心中的怒火烧得失去了理智。

他指着那位老板的鼻子问："你是谁？深更半夜到这里来干什么？我的家就是你毁的吧……"

那位老板很得意，用尽各类难听的词语来打击运动员。此时，运动员再也控制不住满腔怒火，他大吼一声，抡起拳头就朝那位老板脸上击去，接着又是两拳，打得他顿时五官喷血，瘫倒在沙发上。

老板被他的朋友们送往医院后，不治身亡。而运动员自己也要承担故意杀人的罪行。一位事业如日中天的运动员，此刻却没有了所有的光环，变成了一个杀人犯。

运动员的怒火是发泄了，但法律是无情的，他为自己的行为付出了惨重的代价。

从这位运动员的悲剧中，我们应该懂得这样一个道理：遇事一定要冷静。

不管别人对你多不礼貌，不管别人说的话有多难听，你一定要控制住自己的情绪。因为愤怒一旦控制了我们的情绪，理智就会完全丧失，人们就会不计后果地做出一些愚蠢的事情来，给他人也给自己带来伤害。

另外，我们要知道，被别人激怒后，抑制自己的愤怒并不能从根本上解决问题。

因为，在抑制愤怒的过程中，能量会消耗殆尽，你的心理也会严重受挫。要想解决这一问题，最好的办法就是不被激怒，时刻保持冷静和

宽容，而对别人的愤怒不要多想，因为他的愤怒并不是针对你。而当你转变了一个角度去思考时，也许就会发现，理智地对待别人的每一句话，不被激怒，你就能让自己保持冷静。所以，在某些时候，不要太在乎别人的感受，也不要误入别人的情感圈套，被别人所利用。

心灵悄悄话

如果愤怒能够被有效引导，这种情绪就可以转化为强人的力量和顽强的斗志。沙场上的战士，只有怀着对敌人的无比仇恨，愤怒地投入战斗，才能不畏惧强敌，不顾虑生死，在勇猛作战中搏取胜利；事业上的智者，只有把自己的愤怒转化为奋力工作、致力超越的坚强意志和坚决行动，才能使自己既不为愤怒所伤害，又能在证明自我的过程中妥善解决引发愤怒的症结。

激怒别人等于毁灭自己

愤怒对别人有害，但愤怒时受害最深者乃是本人。

很多人在做事情时，为了达到某种目的，便用言语、行动去激怒别人。而此刻，被激怒的人往往容易丧失理智，在一时冲动之下做出后果严重的事。而激怒别人的人，也会为此付出代价。

在美国曾发生过一件轰动一时的"上班女郎命案"。有一个惯偷假释出狱后，决心悔过自新，但由于女友和孩子急需生活费，他便下决心再干一次。

惯偷闯入了一幢公寓，正好女主人在家，他就用刀子威胁她，并把她绑了起来。当他在搜寻房内的财物时，这位小姐的同伴回来了，他同样把她绑了起来。这时，这位女主人为了让惯偷停止他的犯罪行为，便警告他说会记住他的相貌，并会协助警察逮捕他。

这位惯偷本来打算再干一次就收手，一听这话，便吓得惊慌失措，接着，他的情绪失控了，因为他被那位女主人的话激怒了。在愤怒的情况下，这位惯偷抓起汽水瓶把两位小姐打昏，再用刀子向她们刺了数刀，使其毙命。

就因为几分钟的情绪失控，这位惯偷失去了悔过自新的机会，也使得这两位女性丧命。

如果女主人不激怒这位惯偷，她们损失的可能只是钱财。然而，这位女主人以为自己的威胁会产生效果，因此导致悲剧的发生。所以说，激怒别人是毁人又害己的事情。

有这么一个连环链，老板因为股市下跌，无缘无故地向一个并没有过错的员工发火。老实而懦弱的员工明里不敢说什么，回家以后向老婆发泄怒火。老婆是个家庭妇女，在忍无可忍之下打了孩子。孩子脸上挂着泪到街上游荡，看见墙角躺着一只瘦狗，于是踢了它一脚。狗哀嚎着跑掉了，却伺机攻击了一个路人。于是那个路人回家后，殴打了自己的孩子。孩子在第二天上学时与一位同学打架，这个同学，正是那位老板的儿子……

这些故事天天都在上演，但可悲的是，那些激怒别人的人还振振有词：是别人先激怒我的，我才找机会发泄，我根本没错。于是，愤怒的灾难就逐步扩大了，而自己也可能成为灾难的牺牲者。

小童在公司里面是一个非常老实的人，对待工作也兢兢业业。可是部门经理见他这么老实，就把他当成发泄的对象。每当老总批评他的时候，他就把小童叫到办公室大骂一通。不仅如此，这位经理在同事面前也不给小童留点情面，经常讽刺他。

刚开始，小童并不在意，还配合地笑笑。但是时间长了，小童就心存不满，总想寻找机会报复。

某天，小童在下班时，看见部门经理的一份重要合同放在办公桌上。想起自己所受的耻辱，小童毫不犹豫地拿走了文件并销毁。第二天，部门经理怎么找也找不到这份文件。老总见此情况，大发雷霆。因为损失重大，部门经理引咎辞职。

这位部门经理是因为激怒了小童才导致自己丢失了一份好的工作。如果他能对小童留一点情面，这样的事情就不会发生。所以说，激怒别人是最不可取的。

现实生活中，让所有的愤怒制造者改邪归正是不可能的，但是我们可以控制自己。别让自己的愤怒去伤害无辜的人，也别去激怒别人，做出毁灭自己的事情。以下的几点意见也许能帮助你，让你善于控制自己的情绪。

一、了解自己的情绪。一有愤怒的情绪，就要立刻察觉，并了解产生愤怒情绪的原因。

二、控制自己的情绪。能够安抚自己，摆脱强烈的焦虑、忧郁的情感，以及控制刺激情绪的根源。

三、激励自己。能够调整情绪，让自己朝着一定的目标努力，增强注意力与创造力。

四、了解别人的情绪，理解别人的感觉，察觉别人的真正需要，具有同情心。

五、建立融洽的人际关系。能够理解并适应别人的情绪，维持良好的人际关系。

心灵悄悄话

我们还可以体察别人的情绪变化，宽容怒气冲冲的人，积极主动地控制自己的情绪，掌握自己的命运。当令人愤怒的事情摆在我们面前时，我们要学会看它的正面，而不是它阴暗的一面，学会换位思考。只有这样，我们才能避免烦恼的侵袭，每天才能活得简单快乐。

第二篇 在愤怒中保持冷静

用行为控制情绪

　　恼怒乃片刻之疯狂，所以你应该控制感情，否则感情便会控制你。

　　在生活中，总能遇到一些人用恶意的话抨击你、为难你，而此刻，你的情绪肯定会受到影响。面对这些刻意的刁难，我们一定要控制住自己的情绪，用平和的心态去面对突如其来的打击，做到别人为难你，你自己不为难自己。而做到了这点，你就能找到生活的乐趣，走出人生每一个可能遇到的低谷。

　　康农是一位来自美国伊利诺伊州的议员。在其上任不久的一次会议上，他受到了另一位议员的嘲笑："这位从伊利诺伊州来的先生，口袋里恐怕还装着燕麦呢！"

　　这句话是讽刺康农身上带有农民气息！虽然这种嘲笑使他非常难堪，但也确有其事。这时，康农并没有让自己的情绪失控，而是从容不迫地答道："我不仅在口袋里装有燕麦，而且头发里还藏着草屑。我是西部人，难免有些乡村气，可是我们的燕麦和草屑，却能生长出最好的苗来。"

　　面对讽刺之言，康农并没有恼羞成怒，而是很好地控制住了自己的情绪，并就对方的话"顺水推舟"，作出了绝妙的回答。康农不仅自身没有受到损失，反而因此而闻名于全国，被人们恭敬地称为"伊利诺伊州最好的草屑议员"。

　　愚蠢之人往往用情绪来左右行为，而智慧之人则用行为来控制情绪，就像那个美国伊利诺伊州的议员一样，没有因别人的嘲笑和轻蔑而窘态毕露，反而用机智的回答赢得了众人的尊敬，并很好地控制了自己的情绪，避免了不愉快的场面发生。

任何人在遇上不公平的事，或者被人为难的时候，情绪都会受到影响。这时，一定要控制自己的情绪，用平和的心态去面对突如其来的打击，这样才能使自己走出人生的低潮，才能有好运气。否则，只是别人的笑柄而已。

然而，很多人都错误地认为，遇到了别人为难自己，让自己的情绪不加控制地表现出来，是性格率直，是一种可爱的表现。并且还认为这样的人心地单纯，没有城府，交往起来更让人放心。但是，我们必须认识到，在很多场合、很多时间里，我们不可以随便发泄情绪。任何一个人都会产生情绪，如果谁都可以不分场合地任意发泄，那就会乱成一团。所以，自我控制情绪便显得非常重要了。如果你很愤怒，那么不妨把使你产生愤怒的事情记录下来。

下面的一些片段选自一位母亲的"愤怒日志"。当时她正努力想弄明白为什么会经常发怒。

"我感到非常心烦，因为孩子们老是在房间里跑来跑去，虽然我告诉过他们不要这样。"

"为什么非要等我生气了，才会有人明白我需要别人帮我干家里的活呢？"

"如果再有人对我说我生气毫无理由，我想我会发疯的。让我生气的理由这么多，他们却看不见。"

"我意识到我需要帮助，只是不知道该向谁求助。"

这些记录可以帮助这位母亲进行自我反省。这种自我反省将使她最终得到自我纠正。而等到她能控制自己的愤怒时，这一切事情就都变得微不足道了。孩子们会更加亲近她，她跟朋友之间的关系会更亲密，好

运气也会一直跟随着她。

因为愤怒，你可能从此失去一个老客户，失去一位朋友，失去一份令人羡慕的工作，甚至导致婚姻的破灭。所以，当我们遇到意外事情时，要学会控制自己的情绪，动不动就发怒只会达到相反效果。而及时止怒，做到有礼有节，则会得到别人的尊重。

强者都会适当地控制自己的情绪，即使是强烈的反差，他们也会强迫自己保持最好的状态。因此，总是产生不良情绪的人，一定要记住：自制是与人交往时必须具备的品质。只有学会了自制，才能控制别人，才能控制突发的事情，从而使自己获得应有的尊重。

心灵悄悄话

众所周知，愤怒会使人失去理智。在许多场合，不可抑制的愤怒会使人失去解决问题的良好机会。而且，一时冲动的愤怒，往往在事情过去后就得付出高昂的代价。

沉着面对突如其来的羞辱

如果我们对一个人恨之入骨，我们就降到了甚至比我们所恨之人更低的水平。

当一个人被羞辱时，他的自尊心就受到了严重的挫伤，就会发怒。当一个人在盛怒之下，做出任何事来都有可能。随便发怒的后果可想而知，尤其是当羞辱你的那个人势力比你强大的时候，你的怒气就可能送掉你的性命，如春秋时期的公子宋。

春秋时期，郑灵公在位期间，由公子宋辅政。

有一天，有人从汉江带回一个大鼋，献给灵公。灵公命屠夫炖肉汤招待朝中官员。这时，公子宋对灵公说："我每次食指跳动，总要尝到好吃的东西。今天食指跳动了几下，果然又有好东西品尝了，你看灵验不灵验？"

灵公听了，半开玩笑半认真地说："你的食指跳动灵验不灵验，这一次还得由我决定！"于是，他暗中吩咐屠夫按照他的要求办事。屠夫心领神会，含笑而下。到了品尝鼋肉的时刻，郑灵公命令诸臣按官职大小，依次坐定。

公子宋位居第一，他扬扬自得，等着品尝。但郑灵公却突然宣布，今天赏赐从最下席开始。于是，公子宋便成了最后一个分到鼋肉的人，他明知道这是灵公拿自己开心，又找不到反对的理由，只好压住火气，耐心等待。

大臣们一个个得到了赏赐的鼋羹，纷纷品尝并称赞，眼看只剩下公子宋一人了。公子宋眼睁睁地等着屠夫上鼋羹。谁知，这时屠夫向郑灵

公报告说鼋羹没有了。

在众臣面前受到如此冷落和戏弄，公子宋真是怒火中烧。目睹公子宋的窘态，郑灵公开心极了，他哈哈大笑，指着公子宋说："我本来是命令遍赐群臣的，谁料想却偏偏少了你一个人没有。看来，这是命里注定你不该吃鼋肉啊。你看你的食指跳动要吃好东西的说法哪一点灵验呢？"

听了此话，公子宋明白这一切原来都是灵公捣的鬼。为了挽回面子，他恼羞成怒，已完全失去了理智，遂不顺君臣之礼，突然起身走到郑灵公面前，将手探入灵公的鼎中，捏了一块鼋肉，放进口中，反唇相讥道："我现在已经尝到了鼋肉，食指跳动怎么一点不灵验呢？"说罢，不辞而别。

公子宋的言行，深深激怒了郑灵公。他当着众臣的面，愤愤地说："公子宋也太无礼了，他眼中还有我这个君主吗？难道郑国就没有刀斧手能砍掉他的脑袋不成？"众臣吓得纷纷跪倒在地，连连规劝，郑灵公仍愤愤不已。

一场盛会就这样不欢而散。从此，郑灵公与公子宋结下了仇恨。公子宋因惧怕灵公找借口除掉自己，干脆一不做，二不休，先发制人，在这一年的秋天派人刺杀了郑灵公。两年之后，郑灵公之弟追查公子宋指染君鼎之罪，将公子宋杀掉，暴尸于朝，尽诛其族。

面对羞辱，发怒只会给你带来不利。因此，当你遭受侮辱的时候，不妨先想想这种爆发会给你带来什么。如果你知道发怒必定会有损于你自己的利益，那么最好约束你自己，让自己冷静下来，无论这种自制是多么难。因为冲动行事，可能会造成千古恨，而你的愤怒只会让你输得更惨，并没有其他益处。

2008年12月15日，美国总统布什卸任前最后一次访问伊拉克。在一次记者会上，一名仇视他的伊拉克记者连续两次向他投掷鞋子。但布什在这电光火石的两三秒间，接连闪身避过。更令人拍案叫绝的是，他虽然被称为"牛仔总统"，却没有如当年英国副首相普雷斯科特般以牙

还牙，反而表现从容，面带微笑，不但安抚人家要冷静，还以笑话为自己解围："这就像有人在政治集会上叫嚣一样，想引人注意呀！我没受影响。他掷中我又如何？真相是，那是一只 10 号鞋，多谢关心。"

如果面对羞辱，布什出言反击，那么他的形象就会受损。但这次的临场反应和对答，还是赢得了人们的尊重。

不要因为一句羞辱的话而失去理智，你应该学会冷静，并想出应对的策略。此时，你不要花太多的时间想这个问题："为什么他会跟我过不去？"

有些人故意羞辱你，可能是你做了什么事使他们受到了威胁，想报复你。另外一些人习惯说一些让别人产生愤怒情绪的话，但不一定对你有什么恶意，也可能并没有意识到会伤害你。当你指出他的失礼时，他一般都会向你道歉。

所以说，不管对方说出了怎样的话，你都不可失去理智。如果你勃然大怒，反而会让羞辱你的人占上风，而且会引起其他人的注意，从而达到羞辱你的人的目的。

心灵悄悄话

对待羞辱，你没有必要当场发火，而应该委婉地表明：你因他的言语或举动而受到了伤害，你无法接受类似的言行举止，并善意地劝他改正。

在尴尬中赚足面子

被人揭下面具是一种失败，自己揭下面具却是一种胜利。

生活中，造成尴尬的原因有很多。你可能有些粗心大意，给别人造成了损失，你会感到尴尬；你可能说话不得体，弄得自己和他人都很难堪，因此会感到尴尬；受到冷遇，没人理会时，你会感到尴尬；在众目睽睽之下出点洋相，你会感到尴尬……

诚然，尴尬的产生方式有很多。有的人不顾场合，不顾对象，也不顾别人的心情，只管自己一时痛快，想怎么说就怎么说，甚至喜欢"一针见血"。尽管有时他的出发点不错，而且热情万分，但由于所谈的不是对方感兴趣之事，甚至是"哪壶不开提哪壶"，触动了对方的心理敏感区，就会使双方陷入十分难堪的境地。

由于每个人的心理素质不同，在遇到不同的尴尬时，会产生不同的反应。比如，有的人面对尴尬会恼羞成怒，使尴尬不断升级；有的人面对尴尬懂得从容应对，化解尴尬，在尴尬中赚足面子。

俄罗斯有一位著名的马戏丑角叫杜罗夫。他的表演生动形象，惟妙惟肖。观众在看他的表演时，总是乐得捧腹大笑。而笑过之后，他说的话却能让人进入沉思之中，继而在思想上得到升华。也因为这样，杜罗夫的形象更深入人心。不过，名气越来越大的杜罗夫也免不了会遭到别人的冷嘲热讽。

有一次，在演出休息时，一位不速之客走到了杜罗夫面前，他神情傲慢地问道："丑角先生，观众非常欢迎你吗？"

生性机警的杜罗夫感觉到对方不怀好意，便不动声色地回答："还好。"没想到，那人紧接着便咄咄逼人地质问道："作为马戏班中的丑角，是不是必须生来就有一张愚蠢而又丑怪的脸蛋，才会受到观众欢迎呢？"这人以为，此时的杜罗夫会感到无地自容。谁知，杜罗夫在短暂的尴尬后，非常平静地对那人说："先生，真可惜啊！如果我能生一张像您那样的脸蛋，我准能拿到双倍的薪水。"

杜罗夫的这句话，使那人感到自讨没趣，最后只好悻悻而去。

可见，杜罗夫不但有着高超的演艺技巧，而且在面对尴尬时也有着良好的心理素养，而这些，也让观众深深地为之折服。要知道，遇到恶意的刁难时，产生愤怒，只会使自己更加尴尬。而你平静下来，用幽默风趣的讥讽之词回应对方，说不定可以使尴尬消失于无形。

俗话说，该来的挡也挡不住。因此，尴尬已经产生了，就要稳定情绪，从容应对，并调动各种智慧，使自己尽快走出尴尬的境地。如果确实是自己错了，不如主动诚恳地认错；如果是由于自己用词不当或因某些缺陷而受到别人的议论讥笑，那不如开个玩笑，调侃一下，来个自我解嘲；如果是有人故意冷落你，或者对方不通情理，那就不如泰然处之，淡然置之。

心灵悄悄话

面对尴尬，一定要从容、镇静，不要纠缠于琐事之中。事情过后，也不要总是耿耿于怀，并伴有悔恨、羞愧的心理，这样会形成沉重的思想负担，甚至影响自己的健康。为这种小事恼怒，终究会害了自己。

第三篇

莫拿别人的错误惩罚自己

《圣经》上说："充满爱意的粗茶淡饭，胜过仇恨的山珍海味。"当我们对敌人心怀仇恨时，就是赋予对方更大的力量来压倒我们，给他机会控制我们的睡眠、胃口、血压、健康，甚至我们的心情。莎士比亚说过："仇恨的怒火，将烧伤你自己。"

"学会不生气"，要靠自己去努力、去琢磨、去寻求。回忆过去工作中做出的成绩和亮点，展望未来的前途与光明，怨气就会远走高飞。人要活得轻松，玩得潇洒，过得幸福，实实在在地享受人生的快乐。其实，拥有快乐的心境就是一种福分。

莫拿别人的错误惩罚自己

生气，是拿别人的错误惩罚自己。

如果你觉得忍气吞声、逆来顺受，是窝囊废，没出息，而对不真不善不美不公平不合理的事，还是要敢怒敢言、敢恨敢骂的话，就大错特错了。你要了解，现实中看不惯、抱不平的事实在太多了，你天天发火，时时生气，是气不过来的。所以，你应该做到"心平气和"。

《菜根谭》说："天地之气，暖则生，寒则杀。故性气清冷者，受享亦凉薄。惟和气热心之人，其福必厚，其泽亦长"。毫无疑问，"心气平和"是被人称道的。生气归根结底是一种情绪，它与理智永远是对立的。一个爱发怒的人，常常不是被别人打败，而是自己打败自己；而保持平和之心的人，则能因冷静与和气，立于不败之地。

很久以前，有一位妇人，特别喜欢为一些琐碎的小事生气。她知道这样不好，便去求一位高僧为自己讲禅说道。

高僧听了她的讲述，一言不发地把她领到一座禅房中，落锁而去。

妇人气得跳脚大骂，骂了许久，高僧也不理会。

妇人又开始哀求，高僧仍置若罔闻。

妇人终于沉默了。高僧来到门外，问她："你还生气吗？"

妇人说："我只为我自己生气！我怎么会到这个地方来受这份罪？"

"连自己都不原谅的人怎么能心如止水？"高僧拂袖而去。

过了一会儿，高僧又问她："还生气吗？"

"不生气了。"妇人说。

"为什么?"

"气也没办法呀。"

"你的气并未消逝,还压在心里,爆发后会更加剧烈。"高僧又离开了。

当高僧又一次来到门前时,妇人告诉他:"我不生气了,因为不值得气。"

"还知道值得不值得,可见心中还有衡量,还是有气根。"高僧道。

当高僧的身影迎着夕阳立在门外时,妇人问高僧:"师父,什么是气?"

高僧将手中的茶水倾洒于地。妇人视之良久,顿悟。叩谢而去。

高僧让妇人知道了,生气只能是自己受罪,完全不能伤害让你生气的人。如此得不偿失,何苦要气?气便是别人吐出而你却接到口里的东西,你吞下便会反胃;你不看它时,它便会消散。所以说,生气,是拿别人的错误来惩罚自己。

著名石油大王洛克菲勒在某案件中受审时,因为在面对对方的询问时持平和的态度并作不动声色的答复,他赢得了这场官司。那个质问他的律师因为无法控制自己的情绪,导致了失误。

"洛克菲勒先生,我要你把某日我写给你的那封信拿出来!"那位律师用一种很粗暴的声音说。这封信是质问关于美孚石油公司的一些事情的,然而那个律师在法律上并无权利去质问这些事情。

"洛克菲勒先生,这封信是你接的吗?"法官问。

"我想是的,法官。"

"你回复那封信了吗?"

"我想我没有。"

然后那位律师又拿了许多别的信出来,也照样宣读了。

"洛克菲勒先生,你说这些信都是你接的吗?"

"我想是的,法官。"

"你说你没有回复那些信，是吗?"

"我想我没有，法官。"

"你为何不回复那些信呢? 你认识我，不是吗?"那律师问。

"啊，当然! 我从前是认识你的!"

　　洛克菲勒所答复的这句话如此之明显，以致那律师气得差不多要发疯了。全庭寂静得毫无声息，而洛克菲勒坐在那里丝毫不移动一下。最后，那位律师被激怒了，不仅提出的问题漏洞百出，那无理的态度也让众人纷纷把天平的一端移向了洛克菲勒。

　　洛克菲勒正是因为冷静而让自己赢得了官司。所以说，不要因为别人发怒，你便怒不可遏。要知道那正是你应该保持心平气和的时候。

　　当你想要发怒的时候，应该先想想这种爆发会有什么影响。如果你知道发怒必定会有损于你自己的利益，那么最好约束你自己，无论这种自制是多么吃力。因为别人犯了错误，你却生气、愤怒，那样根本无济于事，倒不如调节好你自己的心态，让自己每天都拥有一份好心情。

心灵悄悄话

　　生气是对自己施行的一种酷刑，这种酷刑使自己越来越快地衰老，严重地损害了自己的健康，也导致了许多悲剧的发生。在生活中，偶遇的人何其多，我们自身的能力和精力都是有限的，我们能教育好自己身边的人已经不错了，而别人有犯错误的权利，我们也没必要来惩罚自己。

第三篇　莫拿别人的错误惩罚自己

倾听及沟通的价值

人们常说，一个人外在的表现就是其内在素质的延伸。这话一点都没错，因为人之内在反映到外在，从而形成个人形象。当我们内心拒绝粗鲁、无礼、野蛮的时候，外在表现势必会优雅、礼貌、温和。相反，一个人嘴里只说着各种仁义道德，但内心阴暗反复，其肢体语言总会出卖他的内心。

所以，想要深刻的了解一个人，不要只听他说了什么，还要看他做了什么。一个平时总是手舞足蹈的人，是很难与稳重相提并论的，而一个摇头晃脑的人，必定内心充满自我。因此，在我们注意倾听他人讲话时，保持良好姿态非常必要，否则，一小心就会因姿势而出卖了素养，导致沟通的对方对我们避而远之。

丹尼尔家里非常有钱，在美国有多家商贸公司。每天出入公众面前，他都显得彬彬有礼，他穿的西装、系的领带、用的皮包、穿的鞋都很讲究，必须是高级奢侈品牌。很多初见丹尼尔的人都会说："看看，这才是真正有修养的社交家、成功人士。"

可是，当与他接触之后，人们很快就不会有这种看法。

有一次，丹尼尔聘请美国一家有名律师事务所的律师为自己打官司。史密斯成功接住丹尼尔抛过来的"橄榄枝"。但是，第一次见面后，史密斯毅然毁约，不再与其合作。

原来，坐在史密斯面前，丹尼尔左腿高高翘于沙发上，头则侧向一边，非常傲慢无礼。

史密斯第一次看到这么无礼的人，但想到那一大笔律师费，便忍了下来。可是，在与丹尼尔谈案件过程中，丹尼尔居然几次挥动胳膊，一副将所有人都不看在眼里的架势。史密斯很不理解，说："我们是合作关系，我是你的律师，拿你的律师费不假，但却不比你地位低下，你怎么可以这样对我呢？"

　　一边的助理眼见两个人要谈崩了，马上出来解释："史密斯先生，请您不要介意，这是我们总裁的习惯动作，相信他一点轻视你的意思也没有。"

　　丹尼尔见史密斯生气了，也只好承认错误，说："好吧，看来是我错了！我保证以平等的姿态坐在你面前。"

　　史密斯这才平静下来，继续与他谈这场官司的事。可没讲几句，端坐的丹尼尔突然站起来，在办公室里来回地走动着，一边走一边大声说："我不管你用什么方法，一定要把那个狗娘养的公司告倒！我已经忍受他们太长时间了。"

　　此话一出，史密斯再次震惊——他不敢相信这就是人们口中有教养的绅士。不过，他还没有表达不满，丹尼尔已经意识到了，马上说："噢，对不起，我又冲动了。"说完，他又重新坐回沙发上。

　　此后，他虽然一直都没有再出声，但手却从没闲着，一会儿扔掉打火机，一会儿将桌上的纸揉成一团，整个过程，他似乎都有如要爆发出来的火山。

　　回到律师所之后，史密斯马上找合伙人，说："我决定，哪怕给再多的钱，我也不准备与丹尼尔合作，这个人素质太差。"

　　合伙人一脸不解："怎么会？你看他的穿着，那都是世界一流的，而且，他给人的印象非常有教养。"

　　"你错了！他的外在包装与他的行为、举止相对比几乎就是讽刺。他的素质还不如一个文盲。"

　　很多人总是为自己包装形象，混淆他人对自己的了解。可是，真正聪明的人却可以在其行为、举止中读出他内在的素养与品质。这就是肢

体语言的作用——它看似无意的一举一动、一笑一嗔，所暴露的却是一个人的内在修养。所以，永远不要忽略我们日常的肢体姿态。尤其是倾听一个人说话的时候，保持良好姿势，会让对方不知不觉打开内心。因为一个人在有素质的人面前说话时，往往不会为心设防，这对我们进一步交流、沟通是有很大好处的。

熊翼和郑萍是一对恋人。熊翼的工作单位在城东，郑萍的工作单位在城西，他们彼此见面的机会并不多。

不过从那时以后，每晚回到家里，郑萍打开计算机，都能收到熊翼用电子邮件发送过来的一束红玫瑰，有时还能听到他在电话留言里为自己唱的情歌。

感动之余，郑萍觉得自己和熊翼的感情已很稳固，她便不顾羞涩，主动向熊翼求婚，希望他能在"十一"期间举行婚礼。

然而，出人意料的是，熊翼在收到郑萍"爱的信息"后，并没有欣喜若狂地答应，而是冰冷地给了郑萍一个"不"字，并且没有作出任何解释。

郑萍见状，伤心欲绝，发誓这一辈子最不能原谅、最痛恨的人就是熊翼。起初，熊翼并没有放在心上，他想："女孩子嘛，脾气就得大一点，也许这是她撒娇的一种方式罢了。再说，自己也只不过是不同意在"十一"结婚，并没有说过永远不和她结婚，或是移情别恋啊！"

然而，在接下来的那些日子里，熊翼再与郑萍联系时，她一听到熊翼的声音就急忙挂断电话；熊翼去找她，她干脆避而远之。这时，熊翼才意识到了问题的严重性，他意识到郑萍误解了自己的意思，此时如果还不及时与她沟通，向她解释清楚，他们之间的感情就真的无法挽回了。

于是，熊翼在一位朋友的帮助下，终于见到了一直躲着自己的郑萍。

"对不起！"熊翼真诚地向郑萍道歉，"那天你向我提出在"十一"

期间结婚之前的几分钟，我刚接到我爸的电话，说我妈因车祸被送进了医院。在给你回电话的时候，我正赶着去医院。当时我心里乱糟糟的，我又不想把这件事告诉你，因为过几天你就要参加研究生考试，以免让你分心，所以，我就……"

"你这傻瓜！"听到这里，郑萍已明白了熊翼为什么只对她说了一个"不"字，而没作其他解释。郑萍娇嗔地责怪了熊翼一句，接着说道："还待着干什么呀！走，咱们去医院看看妈妈去。"

一对恋人又和好如初了。在这里，熊翼让女友回到身边的方法其实非常简单，他没有用花言巧语说服她，也没有用物质感化她，而是用最快捷、最有效的方式沟通。

其实，只要年轻人稍微理智一点，看一下情况，这样不愉快的事情就不会发生。所以说，每一个人在面对误会的时候，一定要冷静分析，以免造成悲剧。

生活中误会的产生，常常是人们在不了解、不理智、不耐心的情况下，未能多体谅对方、反省自己而发生的。误会一开始，只想到对方的千错万错，因此，误会就会越陷越深，最后到了不可收拾的地步。

那么，在现实生活中，出现误解应该如何化解呢？

要知道，有些误会原本就是微不足道的，可由于缺乏沟通，使误会越来越深，这样就会形成积重难返的态势，变得得不偿失！

心灵悄悄话

事实表明，当误会产生后，能否进行及时的沟通，是最为关键的一步。当一方主动沟通或道歉时，另一方也肯定会萌生宽恕的心理，这样，因误会而产生的仇恨就会逐渐化解。

别把自己当成气球

失控的愤怒是愚蠢的开始，以后悔告终。

当人的愿望不能实现、行动受到限制时，便会产生愤怒的情绪。如工作的失败、受骗、权利被侵犯、恋爱受挫、疾病缠身、秘密被他人发现、劳累过度等都会在一定的心理条件下产生愤怒。生活中，愤怒总能成为一种破坏性的情绪，让人在盛怒之下，做出伤人又伤己的事情。

法国西南的小城塔布里，有一名警察叫阿兰·马尔蒂，他的脾气非常暴躁。

一天晚上，阿兰·马尔蒂身着便装来到市中心的一家烟草店门前，准备到店里买包香烟。这时一个叫埃里克的流浪汉向他讨烟抽，但马尔蒂说他正要去买烟，其中的拒绝意味非常明显。但埃里克认为马尔蒂买了烟后会给他一支，因此一直守候在店门口。

当马尔蒂出来时，喝了不少酒的埃里克便缠着他，向他要一支烟。马尔蒂很讨厌这个家伙，便冷冷地拒绝了他的要求。但埃里克缠着他不放，于是两人发生了口角。随着互相谩骂和嘲讽的升级，两人情绪逐渐激动起来。

马尔蒂掏出了警官证和手铐，粗鲁地说："如果你不放老实点，我就会给你一些颜色看。"

"你这个浑蛋警察，看你能把我怎么样？"埃里克反唇相讥。

在言语的刺激下，两人扭打成一团。旁边的人赶紧将两人分开，劝他们不要为一支香烟而发那么大的火。

被劝开后的埃里克骂骂咧咧地向附近一条小路走去，边走边喊："臭警察，有本事你来抓我呀！"此时已失去理智的马尔蒂，听到埃里克的辱骂后，愤怒地拔出枪，冲过去，朝埃里克连开四枪，埃里克倒在了血泊中……

事后，法庭以"故意杀人罪"对马尔蒂作出判决，他将服 30 年刑。埃里克死了，马尔蒂坐了牢，起因是一支香烟，罪魁祸首是失控的愤怒情绪，这便是愤怒的代价。而在我们身边，因愤怒导致的悲剧也数不胜数。

这起悲剧的酿造者是在事件发生的时候出现了情绪和行为的失控，因此犯下了无法挽回、不可饶恕的错误。从这个事例我们可以了解到，遇到消极的事时，愤怒是一种最无效的解决方法，反而会伤害自己与无辜的人。因此，我们要尽可能消除与避免愤怒，别把自己当成气球，有气就胀，应该理智地对待任何事情。

以下是某著名心理学家提供的消除愤怒情绪的具体方法：

一、当你愤怒时，首先要冷静地思考，并且提醒自己，愤怒的后果对自己肯定不利；不要欺骗自己。你可以喜欢令人讨厌的东西，你可以讨厌某件事，或者不喜欢某个人，但你千万不必因此而生气。

二、当别人引起你的怒火时，提醒自己，人人都有权利根据自己的选择来行事。如果一味地禁止别人这样或那样做，只会延长你的愤怒。当你愤怒时，可以请你信赖的人帮助你，让他们每次看见你动怒，就提醒你要控制自己的情绪。你接到信号之后，可以想想你应该干什么，而不是一直想着引你发怒的事情，然后努力延迟动怒的时间。

三、在你发脾气之后，大声宣布你又做了一件错事，你决心采取新的思维方式，今后不再动怒。这一声明会使你对自己的言行负责，并表明你是真心实意地想改正这一缺点。当你不生气时，与那些经常受你气的人谈心，互相指出对方最容易使人动怒的言行，然后商量一种办法，心平气和地交流看法，比如可以写信、由中间人传话或一起去散步等，

这样你们便不会以愤怒对待。

四、当你要动怒时，花几秒钟冷静地描述一下你的感觉和对方的感觉，以此来消气。最初 10 秒钟是至关重要的，一旦你熬过这 10 秒钟，愤怒便会逐渐消失。另外，不要总是对别人抱有期望。只要没有这种不存在的期望，愤怒也就不复存在。在遇到挫折时，不要屈服于挫折，应当接受逆境的挑战。这样你便没有时间来动怒了。

心灵悄悄话

你还可以在愤怒产生时，离开是非之地。在生活中遇到能引起人发怒的事情时，应力求避开。眼不见，心不烦，这是自我保护性的制怒方法。当自己要愤怒时，应尽量不跟着自己的情绪走，当然也不能跟着对方的情绪走，最好是暂时离开，让自己冷静下来，冷静后人们往往对冲突会有新的看法。

给人面子就是给自己机会

处事须留余地，责善切戒尽言。

现代社会里，懂得交际艺术的人，一定有一个好人缘，而这个人一定是一个会给人面子的人。即使他知道自己的观点完全正确，但他在说服别人接受自己观点的时候，也会力求保住对方的面子，并以此为切入点让别人接受自己的观点。而那些想证明自己掌握着真理，用拼命找别人过错和缺点的方式去说服别人，甚至威胁别人的人是粗暴的、无礼的蠢人，即使他说的是事实、是真理，也没有人会接受这种沟通方式，因为他已经深深地伤害了别人。

很多时候，朋友之间发生争论，并不是不了解对方，而是因为有失沟通而造成的。这时候争论的双方切忌以怒制怒，最好的方式是主动给自己找台阶下，又不伤害对方面子，要多加解释，想法沟通或者道歉、劝慰，与对方达成谅解或共识。

《菜根谭》上说："人之短处，要曲为弥缝，如暴而扬之，是以短攻短。"意思是：别人有缺点或过失，要委婉地为他掩饰或规劝他，假如去揭发传扬，就是用自己的短处来攻击别人的短处，到时肯定对自己没有什么好处。你给别人留面子，别人才会给你面子。

一位高僧受邀参加朋友的素宴。席间，他忽然发现在满桌精致的素食中，有一盘菜里竟然出现了一块猪肉，这时高僧的徒弟故意用筷子把这块肉翻到了菜上面，打算让宴客的主人看到。高僧见状，立刻用筷子把肉掩盖起来。一会儿，徒弟又把猪肉翻了出来，这位高僧又马上把猪

肉遮盖起来，并对着徒弟的耳畔轻声说："你若再敢把肉翻出来，我就把它吃掉！"徒弟听了此话，再也不敢把肉翻出来了。

宴后高僧辞别了这家主人。归途中，徒弟非常不解地问："师父，刚才那个厨子明明知道我们不吃荤的，可是他为什么在素菜中加块猪肉呢？所以我想让主人知道，处罚处罚他。"

高僧对他说："每个人都会犯错误，无论是有心还是无心的。如果你当着那么多人的面让主人看到菜中的猪肉，主人确实会处罚厨师，但他自己也会因此失掉面子。这不是我愿意看到的，所以我宁愿把肉吃下去。"

这位高僧的做法是很正确的。俗话说，得饶人处且饶人，而人也不可能永远不犯错误。照顾了对方的面子，就是给对方一个台阶下，别人自会非常感激你，你也会因此多了一个朋友。相反，如果你抓住对方的把柄大肆宣扬，会使对方感到无地自容。要知道，丢了面子意味着伤了自尊，这会使对方怀恨于心，说不定哪天就会为难你，让你也下不了台。

然而，遗憾的是，在生活中很多人都无法能"给人面子"，从而得罪了别人，也为自己以后的失败埋下了祸根。这些人常犯的毛病是，自以为对某事有见解，自以为有口才，一遇到机会就高谈阔论，把别人批评得一无是处，他痛快至极，却不知自己强要了面子，就有可能在最后失去面子。

给人留面子，从表面上看来好像比较消极。其实，它并不是要求你委曲求全去做人，而是要通过少惹是非、少生麻烦的方式，更好地展现自己的才华，发挥自己的特长。但是在给别人面子的时候，还要注意以下几点：

一、批评别人时，要给对方留面子。只有糊涂的人在与他人交往的过程中，才会把话说死、说绝，才会不给自己留余地。要知道，人人都爱惜自己的面子，而带有侮辱性的语言，显然是极不给人面子的一种表现。

二、帮助别人时要给留他面子。帮助别人时要真诚、自然，不要让别人觉得是一种负担，是一种"人情债"。必要时，偶尔也要接受他人的帮助，这样"礼尚往来"，对方才会觉得自己有面子，从而也会给你更多的面子。

三、荣誉给上司和同事。在工作中取得傲人的成绩，不要忘了上司和同事，让他们与你一起分享喜悦，切忌独自享受鲜花与掌声。而把荣耀与公司领导、同事分享，他们都会欣赏你，因为你给了他们面子。在今后的工作中，你就能获得领导与同事更多的支持与帮助。

所以说，只要有心，只要处处留意给人面子，你将会获得更大的面子，也会得到更多的机会。

心灵悄悄话

人人都有自尊和虚荣心，为了自尊和虚荣，有些人可以吃暗亏，但不能吃"没有面子的亏"。要想在社会交际中如鱼得水，就不能在公众场合率直地批评别人，而要用一些委婉、含蓄的方式表达自己的意思。这样一来，既保住了别人的面子，又为自己挣了面子。

时刻记住"忍耐与自制"

谁要是把忍耐和自制这两个词牢记在心间，并以此为指导行为的准则，谁就会少灾祸，过着安宁的生活。

气是"易燃易爆物"，会酿成火，而怒火多了，便会攻心，燎焦了心肺，烤肿了脑袋，"国骂""乡骂"随口而出，吼得你七窍生烟、口干舌燥。这个气是生得壮烈，也生得惨烈。你气个半死，恨个不生，不但无碍于地球的自转，反而会因生气而惹来许多麻烦，付出沉重的代价。

正因为如此，有些生气的人能把这种危害降到最低程度，有些人却不会控制自己，一任"气"如脱缰野马，溃堤洪水，伤人又伤己。因此，不生气或少生气，才能给自己带来平安。

在《三国演义》中，本想"只用一席话，管教诸葛亮拱手而降，蜀兵不战而退"的魏国军师王朗，却被诸葛亮的"三寸之舌"给活活气死。诸葛亮三气周瑜的故事，更是人尽皆知，以致周瑜发出"既生瑜，何生亮"的长叹，最后终因恼恨暴怒，口吐鲜血而亡。

俗话说："一碗饭填不饱肚子，一口气能把人撑死。"不管是古代还是现代，都有很多人因生气、盛怒而身亡。

某媒体曾报道过一则"为300元生气，生病老汉拔掉针头拒绝进食竟饿死"的新闻。

2002年10月5日上午，如皋市的六旬老汉马某因旧病复发，被送到医院抢救。马老汉在昏迷中大小便失禁，儿子将脏裤子脱下，顺手扔到了病房的角落里。老汉病体恢复后，被儿子接到家中调养。

一天，老汉突然向儿子要那条脏裤子，说里面有300元。儿子好不容易在医院垃圾堆里找到了那条裤子，但钱没了。老汉认为这钱被儿子和媳妇偷走了，一气之下，拔掉手上的针头，拒绝进食，任凭他人如何劝解也无济于事，每日只靠喝点水来维持生命。几天之后，马老汉终于被饥饿活活折磨而死。

由此可见：凡事皆有度，发怒也不例外，特别是老年人，更应该注意疏导和理顺心中的气流，而忍耐与自制是最基本的方法。

生活中的我们，很少能控制住自己的情绪。但是我们必须知道，愤怒不仅会对我们的身体产生不利影响，对我们的心理也会产生负面作用。在愤怒的状态下，我们会做出很多冲动的事情，让人后悔不已；在愤怒的状态下，你的情绪不稳定，处理问题就会失去理智，往往会作出错误的决定；在愤怒的状态下，你会不分对象，任何人都看不顺眼，往往控制不住自己而把别人当作出气筒。

在忍耐中寻找机会是人生制胜的法宝。当然忍耐并不是说那这段时间里什么也不做，而是不断地为自己积蓄力量，最终达到"不鸣则已，一鸣惊人"的效果。

但是，人们在谈论成功的时候，总是把成功归功于好的机遇，来为自己没有成就开脱："如果我也有那么好的机会，我也能成功。"

事实真的如此吗？

难道说机遇总会在适当的时候毫不吝啬地光顾成功者吗？

不！是他们懂得用毅力去忍耐，去等待。就像一个果农，在果子还青涩时，他绝不会动手去摘的。他知道："心急是吃不到热豆腐的。"

成功，是毅力和忍耐的延续，而不完全是靠运气。天上掉馅饼的事情是不可能出现的。退一万步讲，即便真的有，你等不到那一刻，也同样会空手而归！

任何事情的发展都需要一个过程，让别人了解你，你了解工作或者

成功，都需要一段时间。你必须要有足够的毅力和忍耐的精神，要在平常的生活和工作当中积蓄力量，积累经验，在忍耐中寻找机会、等待机会和创造机会，而不是一味地抱怨没有机会而无所作为。

事实上，对任何人来说，职场的每一步前行都是艰辛的，一撮而就的事谁能见到？在艰辛的过程中学会忍耐，在冷静的思考中寻找最佳时机，才会一击而中。

成功绝不是一朝一夕的事情，急躁不会给成功带来任何好的影响。尽管成功是辉煌的，可是成功的道路却是孤独、痛苦和充满荆棘的，不懂得忍耐，急功近利的结果往往适得其反。而机会却只愿眷顾那些能忍耐的人。

心灵悄悄话

想做智者，我们必须控制自己，并让自己有忍耐之心。这个名叫斯巴达的人控制自己怒气的方法，完全值得我们学习。美国经营心理学家欧廉·尤里斯教授提出了使人平心静气的三项法则："首先降低声音，继而放慢语速，最后胸部挺直。"

别让仇恨伤人伤己

品德高尚的人不怀恨，因为一个伟人灵魂的标志并不是牢记自己所受的屈辱，而是忘记它们。

人的本性是不满足，仇恨就是别人严重地侵犯了我们的不满足及追求幸福的权利。因此，引起了我们的敌对情绪。

而当这种严重性达到一定的量变时就会引起质变，就会使我们产生报复的动机乃至行为。

然而，我们必须了解，宽厚待人，容纳非议，是事业成功、家庭幸福美满之道。

如果事事斤斤计较，患得患失，就会活得很累，丝毫体会不到人生的乐趣。

希腊人哲学家苏格拉底有一天和一位老朋友在雅典城里悠闲地散着步，他们一边走，一边愉快地聊天。

忽然有位愤世嫉俗的青年朝苏格拉底扔了一块石头就跑了。他的朋友看见了，立刻回头要找那个家伙算账。

但苏格拉底拉住他，不让他去报复，朋友觉得很奇怪，就说："难道你怕这个人吗？"

苏格拉底说："你认为我怕他吗？不，我绝不是怕他！"

朋友又疑惑地问："那么，人家打你，你怎么不还手？"

这时，苏格拉底笑着说："老朋友，你糊涂了！难道一头驴子踢你

一脚，你也要还它一脚吗？"

他的朋友点点头，就不再说什么了。

假如苏格拉底在受到攻击时以同样的方式去对待那位年轻人，可想而知，他和那个年轻人之间的"战斗"就会持续地展开，但他没有那样做，而是以一颗宽容的心，忽视了别人对他的无理。而这样的宽容，让人折服。

但是，在现代社会里，很多人在受到一点伤害时，便斤斤计较，甚至采取报复的手段，却没有想到仇恨是一把双刃剑，在伤害别人的同时也会伤害自己。

森林里，狗熊突然闯进了小蜜蜂的家。它趁小蜜蜂们都外出采花粉时，偷吃了一大桶蜂蜜，然后溜回了自己的家。

小蜜蜂们回家后，见辛辛苦苦酿的蜜被狗熊偷吃了，都十分气愤，它们聚集在一起，商量着要去找狗熊报仇。

一位过路的神见了，便说："你们原谅狗熊一次吧，不然，你们在报复它的同时，自己也会受到伤害的。"

"不，此仇不报，我们心中的怨气就难消。"领头的那只小蜜蜂对神说完这句话后，便领着其他的伙伴，浩浩荡荡地出发了。

正在家里酣睡的狗熊被嗡嗡声惊醒了，它发现自己已经被成千上万只小蜜蜂团团包围住了。

狗熊忙爬起来逃命，可小蜜蜂们仍穷追不舍，它们纷纷把身上的毒针狠狠地向狗熊刺去。

狗熊浑身被刺得全是大大小小的包，又痛又痒了好几天。而那些把毒针留在狗熊身体里的小蜜蜂们，回去后没多久就全死了。

每个人都会碰到利益受到他人有意或无意侵害的时候，这时候我们要学会管住自己的大脑，控制报复的冲动，说服自己，把仇恨在心里悄悄地化解。

因为，仇恨在伤害别人的同时也会伤害你自己，而宽容和忍让，是保自己一生平安的"护身符"。

心灵悄悄话

《圣经》上说"神爱世人"，又说"要爱你的敌人"，唯有真诚的爱心才能化解仇恨，当耶稣被钉在十字架上的时候，他心中并没有仇恨，而是原谅，他说："请原谅他们吧！他们并不知道他们在做什么！"

第三篇 莫拿别人的错误惩罚自己

受辱时，保持沉默

人的一生，谁都难免会遇上难堪的场面，如遭到他人的嘲笑，甚至辱骂。面对嘲笑或者辱骂，无论是卑鄙的、恶毒的，你都要装着没听见，千万不要变得像对方一样失去理智。获胜的唯一战术，就是保持沉默，不和别人发生正面冲突，就连多余的解释也没有必要。

池塘边，一只青蛙迎着初升的太阳，高兴地唱起歌来。

"你唱得再动听，也不会变成青蛙王子。"到池塘里洗澡的水牛听见青蛙愉快的歌声后，心里很是嫉妒，便嘲笑道。青蛙听后，默不作声。

"水牛哥，你知道它小时候是什么模样吗？"一只在池塘边觅食的孔雀问水牛。孔雀早就在心里恨透了这只青蛙，更不明白青蛙为什么总是那么快乐，每天从早到晚地唱个不停，而且它的歌声还博得了人类的叫好声。

"哦，是漂亮的孔雀小姐呀！"水牛亲热地说，"我当然知道它小时候是什么模样了，是一条黑不溜秋的、丑陋不堪的小蝌蚪啊！我一脚下去，就能踩死好几只呢。"

"可你看它，现在尾巴倒没有了，可又长出了四条腿，还挺着一个大肚子。你说它像不像个怪物！"孔雀在一边添油加醋地说。

"岂止是怪物，简直是地地道道的基因变异。"水牛说完，和孔雀一起边大笑边挑衅似的望着青蛙。

青蛙始终平静地听着它们的对话，一言不发，直到孔雀和水牛说得口干舌燥，青蛙还是保持着沉默。水牛和孔雀见状，没趣地走了。

青蛙知道，只要干自己喜欢的事，就不怕别人嘲笑。面对别人的侮辱时，保持沉默是最好的办法。

有位武功高强的武士住在东京附近，年纪大了以后，他开始全心向年轻人传授禅宗。尽管他年迈已高，但仍然坚持不懈。

有一天晚上，有位年轻武士上前来拜访，他以胆大妄为而著称，也以挑衅的技巧出众而闻名。他从来没有吃过败仗，他久仰老武士的声名，故前来拜见，想借此提高自己的名望。

老武士不顾弟子反对，接下了战帖。

人们都来到市区的大广场上观看这一对决。一声"开始"，年轻武士便开始侮辱老师傅，对他扔了几颗石头，往他脸上吐口水，用所有脏话辱骂他的祖宗八代。年轻武士花了好几个小时，费尽心机想激怒老武士，不过老武士仍然不为所动。最后，血气方刚的武士缩手了，既筋疲力尽又备感羞辱。

老武士的弟子看到师父受辱而不反抗，非常失望。弟子问他："他那么过分，师父怎么能忍受？尽管动用宝剑可能会吃败仗，至少也不会让我们这些弟子看到您懦弱的一面啊。"

"假设有人带着礼物来见你，你不接下礼物的话，礼物归谁？"老武士问。

"归送礼的人。"弟子回答。

老师父说，"如果嫉妒、愤怒与侮辱这些东西你都拒收，它们还是归对方所有。"

这老武士的话看似简单，其实却蕴藏着深刻的人生哲理。的确，当有人用恶毒的语言侮辱我们时，最好的回击方法就是不予理睬。如果你也恶言相向，那么就会成为对方那样的无知无礼之人。

如果你能做到受辱后发愤图强，相信不久的将来，就不会有人再侮辱你了，相反，他们还会赞赏你，因为在你身上有一种他们不具备的精神，使他们对你刮目相看。你还能增强自己战胜困难的决心和信念，对你以后的事业有很大的帮助。即便你没有毅力，你也可以视而不见，对这些侮辱不闻不问，不去理会，时间久了，就不会有人再自讨没趣了。

心灵悄悄话

你要相信，受辱也是一种收获。因为受辱后，你会发愤图强，并加强自己的决心与毅力，告诉自己一定要成功。这也是最有说服力、最能让人挺起腰板做人的方法。

沉着面对别人的无理

豁达的心胸能够修补专事诽谤的恶舌。

在生活和工作中，我们常常会遇到一些"难以相处"的人。可能有的人总是高高在上，目中无人；有的人则是整天沉默寡言，对你不理不睬；有的人对你的工作吹毛求疵，百般挑剔；有的人浅薄无聊，经常用充满低级趣味的话语对你无休止地骚扰……面对这些，我们应该沉着，不能因一时的愤怒而乱了方寸。

托马斯·杰弗逊既是美国总统，又是一位相马行家，他自己就拥有一匹马中精品。在公务不忙的时候，杰弗逊总喜欢骑着它到处逛逛。

一天，杰弗逊正在华盛顿附近的一个地方骑马，碰到了一位做马匹买卖的生意人，人们叫他琼斯。

琼斯并不认识总统，但他那职业性的眼光一下子就被总统骑的骏马吸引住了。鲁莽、冒失的琼斯径直走上前来，和骑马人搭讪起来，紧接着用行话评论起那匹马来，还表示愿意换马。

杰弗逊简短地回答了他，礼貌地拒绝了他所提出的所有的交换建议。琼斯仍不死心，不停地游说，不断地抬高价钱。

杰弗逊再一次礼貌地拒绝了他。当所有的建议都被冷冷地拒绝后，琼斯被激怒了。他开始变得粗鲁起来，但他的粗野行为与他的金钱一样，对杰弗逊毫无作用，因为杰弗逊能够很好地控制自己的情绪，没有人能够激怒他。

最后，琼斯发现这个陌生人不会成为他的客户，而且绝对是个难以

对付的人，他便扬起马鞭在杰弗逊的马侧腹抽了一鞭，想使马突然狂奔起来，因为这会让那些骑术不高的骑手摔下来。

然而，杰弗逊仍然端坐在马鞍上，用缰绳控制着烦躁不安的马，同样也很好地控制住了自己的情绪。

不知不觉，他们骑马进入了市区，最后，他们来到了总统官邸大门的对面。

杰弗逊勒住缰绳，礼貌地邀请琼斯进去。

琼斯听后惊诧不已，问道："怎么，你住在这里？"

"是的。"杰弗逊简洁地答道。

"嗨，陌生人，你究竟叫什么名字？"

"我叫托马斯·杰弗逊。"

琼斯听后，他的厚脸皮突然变得煞白，他用马刺猛踢一下自己的马，喊道："我叫理查德·琼斯。"说着，便迅疾冲上了大路，飞快地骑马跑了。

此时，杰弗逊总统则微笑地看着他，然后骑马进了大门。

杰弗逊面对别人的无理，保持冷静的态度，也突出了自己的修养。而"我叫托马斯·杰弗逊"这句话，是一位总统对一位普通的赛马骑师的回答，也是一位极具智慧、极具处世艺术的大师给我们的回答。

因此，当你面对别人的无礼时，即使很生气，但还是需要注意自己的口气。生活中，讲道理的人是因为他们懂道理，不讲道理的人是因为他们还不懂道理。当你面对无理之人时，你要换一种角度去思考问题，有效果比有道理更重要，如果实在不行，就学会装傻。另外，遇到无理的事情时不要简单地去找事情本身的对或错。任何事物的存在都是一种平衡的需要，都有它存在的道理，你只能锻炼自己去适应。

镜子也不一定都是很完好的，有时会因为反光作用欠佳，使人看不清镜中影像；有时会因表面欠平，而歪曲了人物的形象。游乐场所陈设的哈哈镜，有意地把人反映成为尖头细腿等种种滑稽形象，就是极端的

82

例子。同样的道理，由别人的态度所反映出来的自我印象，有时也难免歪曲或有夸张的作用。对方的偏爱成见、缺乏了解，都将使其赞美或批评和当事者本身的情况不尽相符。若是依据它来建立自我印象，自然是不适宜的。

心灵悄悄话

从现在开始，在工作或是生活中，当你碰到无理的人或事时，要学会冷静下来，不要去找对与错，因为如果你一找对错就会与对方较劲。既然知道对方太过分，那么就装傻，不予理会，早晚由对方自己承担后果。

第三篇 莫拿别人的错误惩罚自己

学会原谅他人的错误

不要由于别人不能成为你所希望的人而恼怒，因为你自己也不能成为自己所希望的人。

感性之人看到别人做了错事，自己很生气，毫不留情地上去狠狠地批评做错事情的人；被朋友背叛了，就控制不住情绪，做出过激的事；由于对老师某些方面的不满，则放弃了某些学科……这样的事情很多，凡此种种虽然都是自己造成的，其导火索却是别人。

人与人之间，难免会有一些小摩擦，你也肯定能看到别人的错误。然而，只要别人做的事情是没有违背原则的，你就应该原谅对方，千万不能心存敌意，而应该以宽厚之心待人。

由于好友威廉在林特公司的计算机上做了手脚，使林特损失了几十万美元，尽管林特委托律师将威廉送进了牢房，但他还觉得不够，心中一直愤愤不平。出狱后，威廉觉得对不起林特，几次打电话向林特道歉。林特一听是威廉的声音，不容分说便立刻将电话挂断。林特的妻子知道后，多次劝他应该宽宏大量，何况威廉是计算机专家，对他的生意很有帮助。林特也觉得妻子的话很有道理，但始终没有办法原谅威廉。

一个多月过去了，林特总是处于这种矛盾中，一会儿觉得应该原谅威廉，他是个计算机专家，曾经帮助过自己；一会儿又想到，难道要原谅伤害过自己的人吗？不，不行。直到一位心理医生告诉他："你形成了一种心理障碍。这种障碍不仅会妨碍你与威廉的关系，也会妨碍你与他人的交往，你必须积极地清除它。"

林特终于鼓起勇气，给威廉打了一个电话，告诉他明天可以到办公室见他。第二天，他们谈得很顺利。林特还决定再次聘请威廉到公司工作。他对威廉说："我相信你不会再辜负我。"

后来，威廉对林特的公司尽心尽责，使公司的生意越来越红火；他和林特的友谊也越来越牢固，两人成了知己。

当人们犯错误时，都希望自己能够得到宽容，而不是被一棍子打死。但遗憾的是，在面对别人的错误，尤其是自己身边的人犯了错误时，人们处理的方式却往往过激。有的把别人骂得狗血淋头，有的则把别人的错误转过来自己承受……这些"自我中心意识"的表现并不能正确对待别人的错误，更不利于人与人之间的沟通和理解，是人际交往的一大障碍，同时也是对个人发展的一大阻碍。

你也可以学会思维转移，不听不能入耳之话。如果是普通朋友、普通事情，则要考虑尽量维护自己和他人之间的关系；如果是重大事件或重大损失，则要考虑把损失降低到最低限度，而且要给自己提供东山再起的信心与条件。

不为别人的错误而惩罚别人，是你的宽容大度；不为别人的错误而惩罚自己，能让你减少愤怒，获得快乐。

心灵悄悄话

既然知道自己在犯错误的时候希望得到的是宽容，那么别人也是一样。所以，面对别人的错误，你应当通过旁敲侧击以及自己的语言艺术，做到不怒、不火、不打、不骂、不正面、不直接，让自己的朋友感受到你对错误的看法的同时，叫他能够接受。

第三篇　莫拿别人的错误惩罚自己

学会感谢批评你的人

朋友的良言劝诫是一味最好的药。

每个人都免不了会犯错误。你犯了错误，身边的人可能会用难听的话批评你。此时，你不应该怨恨那个人，而是应该感谢他，因为他指出了你的缺点，让你有机会改正，并有机会进步。

乔治·岁纳曾经是维也纳一位较有名气的律师。可是，当时发生了第二次世界大战，他被迫逃到了瑞典，从此开始了一文不名的生活。

乔治深知，他必须要找到一份工作，否则将无法生存。乔治的外语非常好，能说并能写好几国语言，所以他希望可以在一家进出口公司担任秘书的工作。然而，几乎所有的公司都回信告诉他，因为正在进行战争，他们不需要这样的人，不过他们会把他的名字存在档案里，如果以后有需要会通知他。

可是，有一家公司的回信却令乔治十分气愤，信中说道："你对我的生意了解太少了，你完全不理解这个工作的性质，就连用瑞典文写的求职信也是漏洞百出，我们根本不需要任何替我写信的秘书，即使需要，也不会请你。"

乔治当即就准备回信反驳并痛斥那个发信人一顿。可是信写了一半，他就停了下来，他思考着："也许这个人说得也不无道理。我修过瑞典文，可是这并不是我家乡的语言，也许我的确犯了许多我并不知道的错误。如果是这样的话，那么我想得到一份工作，就必须再努力学习。虽然他用这种难听的话来表达他的意见，但是对我却是一个帮助。

我应该做的，不是回信谩骂，而恰恰是要感谢他呀！"

于是，乔治又重新写起了感谢信："您在百忙之中能写信给我，并且指出了我的很多错误和不足，这对我实在是太有帮助了。对于我把贵公司的业务弄错的事，我觉得非常抱歉。我之所以写信给您，是因为我听说您是这一行的领导人物。我并不知道我的信上有很多文法上的错误，我觉得很惭愧，也很难过。我现在打算更加努力地学习瑞典文，以改正我的错误，希望有一天能用正确无误的瑞典文再一次写求职信给您。"

出人意料的事情发生了，几天后，乔治再一次收到了那个人的来信，他请乔治去他们公司一趟。乔治应邀前往，并最终得到了一份他梦寐以求的工作。

对于那些批评和指责你的人，你的态度会是怎样呢？愤怒、不屑，还是反驳？请不要这样做，因为能够指出你错误的人，恰恰是你最应该感谢的人，因为他给你提供了一次可以改掉缺点、完善自我的宝贵机会。乔治因此感谢了批评他的人，从而得到了一份理想的工作。如果你能做到，也许收益还不止这些。

有人批评你或者你被咒骂并非都是坏事，有人这样对你，至少说明你是个有价值的人。有位哲学家说过这样一句话：批评你的人是你今天的敌人，明天的朋友；吹捧你的人是你今天的朋友，明天的敌人。所以，我们要学会感谢那些毫不留情地指出你的缺点的人，因为正是他们让你进步。

如果，你身边没有批评指责你的人，你永远都意识不到自己的错误。而听到别人的批评，虽然当时有点难以接受，但过后你应该感谢他，正是他的指责让你深刻地意识到了自己的缺点和不足。

感谢批评，既需要宽阔的胸怀，又需要一种崭新的视角。古人倡导的"闻过则喜""言者无罪，闻者足戒"，都属于"感谢批评"的范畴。

我们应该意识到，批评是关心。别人帮我们及时扫除思想作风上的

"灰尘"，我们才能少犯错误，少走弯路。"揭短短变长，护短长变短"讲的就是这个道理。让我们在开展批评与自我批评的同时，别忘了"感谢批评"。因为，这对于你来说，是无价的收获。

心灵悄悄话

当别人批评你时，你千万不要为此而感到不悦，因为批评你的人就是最爱你的人，因为他在为你分忧，哪怕他说得不对。所以，无论是好意或是恶意的批评，甚至是尖锐的批评，你都应该高兴地接受并加以分析，这对于一个有志者来说往往会成为促使其成功的原动力。

得饶人处且饶人

生活中有许多这样的场合：你打算用愤恨去实现的目标，完全可以由宽恕去实现。

在现实生活中，我们每个人都难免会与别人产生摩擦、误会，甚至是仇恨。有的人心胸狭窄，无法容忍一点点委屈和伤害，他们信奉的是"有仇不报非君子"。其实，这样的人最终会自尝苦果。

人的心中一旦充满仇恨，就再也装不下别的东西了，而且仇恨闷在心里会不断膨胀。在这种状况下，人最容易失去理智，在仇恨的指引下干出一些让自己后悔的事情来。所以，每个人都应该有容人之量，得饶人处且饶人。这是我们每个人在社交处世中都应遵循的一条金科玉律。因为，一个人的成就与他自己所拥有的气度和胸怀是分不开的。心胸宽广之人，在宽恕他人时，也能够赢得他人的爱戴和信任。

墨西哥前总统，胡亚雷思一次去维拉克鲁斯视察。到了维拉克鲁斯，他被迎进了卡利州长的官邸。州长给共和国总统安排了最好的房间，但胡亚雷思借口奥坎波的房间更接近浴室，恳求和他交换。在总统的一再要求下，奥坎波让步了。第二天清晨，胡亚雷思走出房间到浴室去，发现没有水，他拍了几下手掌，来了一名叫罗娜的女仆。她是个乡村妇女，已经不年轻了，还有点儿脾气。

"你要什么？"这个女仆问道。

"请打一点儿水来。"胡亚雷思请求她。

"你要乐意，就等着吧。好个爱干净的印第安人！我总得先尽力招

待总统吧!"

胡亚雷思什么话也没说,就回自己房间去了。过了一刻钟左右,总统又请罗娜打点儿水来。

"你要乐意就等着,我得先伺候胡亚雷思先生!真不像话!没见过你这么不识相的人!这么着急,您就自己动手嘛,水龙头就在那儿!"说着指着庭院一隅的一个盥洗处。

胡亚雷思没对发脾气的罗娜说什么,便走去打水洗漱了。

吃午饭的时候,这个女仆穿上了她最好的衣服,心情紧张地盼着见到共和国总统,希望有机会伺候他。

突然间,她看见那个不识相的印第安人穿着一身黑色的大礼服,在主人卡利的陪同下,沿着走廊穿过大厅。

"那家伙也来了。"这个敦厚的女仆想到。

当女仆看见大家一直等那个印第安人坐到他的高背椅上之后才敢入座时,她吓得面无人色,浑身哆嗦,不由得惊叫了一声。

人家转过身来看这位尴尬的女仆,她哭得悲悲切切。胡亚雷思站起身来,亲切地拉着她的胳膊说:"别哭了,小姐。您不要担心,没有什么了不起的事嘛。如果您的工作是招待人家,那您就去做吧,因为这里每个人都应当尽自己的本分。"

墨西哥总统胡亚雷思的做法是可取的,他并没有用自己的身份来压制这位女仆,而是做到了宽容。这样的气度,值得我们钦佩。

有人问雅典的哲学家泰勒斯:"你从哲学中获得了什么?"

"一个人无法具有与所有人交往的能力。"泰勒斯回答说。

有人以挖苦的口气对他说:"我常常在富人的宅邸见到阁下在⋯⋯"这种语气对哲学家来说似有为难之意,但是泰勒斯坦然地回答说:"这就如同在患者家中见到医生一样,只是没有人会想当病人而不做医生吧!"

史拉科赛王问泰勒斯道:"为什么富有者都不想进入哲学的殿堂?"

这位主张快乐主义的哲学家慨然回答说:"哲学家知道自己的需

要，而有钱人却不知道。"

有一次，哲学家的朋友有事请求国王应允，但国王却不答应，于是哲学家跪在国王的脚下，国王终于答应了朋友的请求，但四周的人却没有一个愿意称赞泰勒斯，反而幸灾乐祸地说："你们瞧一瞧，那卑屈的态度算什么呢？这怎能算是哲学家呢？"

嘲笑他的人不少，但是他却若无其事，表情淡淡地说："该受到嘲笑的也许不是我，而是耳朵长在脚上的国王吧！"

哲学家的这份雅量是值得所有人学习的。有雅量的人生活也不会亏待他。

所以，请你记住：记私仇是魔鬼对你的怂恿，当你为报私仇而搏斗时，魔鬼正在为你掘墓穴。在人生路上，如果我们有容人之量，就会少一分阻碍，多一分快乐，而我们的人生旅途也会走得更加顺畅。

心灵悄悄话

人在愤怒的时候，总是容易说些伤害别人的话，用来显示自己的分量。但当我们冷静下来的时候，就会后悔曾经的冲动。所以，当你遇见生活中不如你所愿的事时，请你冷静下来吧，包容别人，也就是包容自己。

第三篇　莫拿别人的错误惩罚自己

第四篇

愤怒不如争气

　　乐观的人懂得选择与放弃。拥有美丽的人生,拥有快乐的生活,是每个人都渴望得到的。可是,当你为生活琐事斤斤计较的时候,当你为一件已经过去的事情耿耿于怀的时候,当你让仇恨的种子埋在心底的时候,你又怎么会快乐呢?

　　面对人生的烦恼与挫折,最重要的是调整自己的心态,积极地面对一切。一味地抱怨与生气,最终受伤害的只有你自己。只有在艰苦的环境中磨炼自己,才能为以后的成功铺平道路。

生气不如争气

可以给你一个六个字的成功公式："想通了——就去做。"

人生有顺境也有逆境，但不可能处处是逆境；人生有巅峰也有谷底，但不可能处处是谷底。因为顺境或巅峰而趾高气扬，因为逆境或低谷而垂头丧气，都是浅薄的人生。真正的人生需要磨炼，面对挫折，如果只是一味地抱怨、生气，那么你注定永远是个弱者。只有学会坚强，积极向前，以平和的心态让自己做得更好，才能使自己的人生过得快乐充实。

王有福出身在一个非常贫困的家庭。爷爷希望他能改变家中贫穷的现状，寄希望于王有福身上，于是便给他取了这么一个名字。

因为家里穷，王有福从小就经常受到邻居小伙伴们的欺辱。他们经常把稻草编成一个圈，用树叶垫底，将泥土、鸟粪之类的东西放在里面，然后戴到小有福的头上，并大声地起哄："有福啊，你可真有福，我们都没帽子戴，你却戴着这么新潮的帽子，哈哈……"

小有福非常生气，很想冲上去和他们打一架，但一想若和他们打架，自己一个人必定打不赢，扭打中很可能撕坏衣裳，自己本来就穷，撕烂了衣服根本没钱买新的，家人也会跟着伤心。看到小有福如此的处境，他家人告诉他："你不应该生气，应该争点气。在物质上，你是不如别人，这是事实，但你可以在学习上超越他们，通过学习成才改变你的命运，做一个真正'有福'的人。"

于是今后不管小伙伴们怎样取笑他、捉弄他、欺辱他，小有福都能

保持良好的心态，并激励自己在学习上奋发向上。有时也有人问他："别人这样对你，你怎么就不生气啊？"他回答："生气有什么用啊！生气能解决问题吗？生气还不如争气！有那生气的时间还不如多学点知识。"因为他从不与别人打架闹事，不与别人争长论短，加上学习成绩也特别优秀，所以常常受到老师和大人们的赞扬。

小有福也非常争气，他通过自己不断的努力考上了重点中学，后来又考上了一所有名的大学。在好心人的帮助下，他顺利完成了学业，并找到了一份相当不错的工作，成了一名对社会有用的人，改变了穷苦的命运。而他小时候的那班小伙伴却大多早早退学，在家种田或外出打工，拿着微薄的收入。

愚蠢的人只会生气，聪明的人才懂得去争气。也许生活给了我们太多磨难，也许人生有着太多的曲折。但是，与其自怨自艾，不如扬眉吐气。

院子里，一只黑毛公鸡和一只白毛公鸡为争夺一条青虫而大打出手，双方苦战了几十个回合。

突然，黑毛公鸡"腾"地从地上飞起，又向下俯冲，用嘴牢牢地啄住了白毛公鸡的鸡冠子，身子一并稳稳地骑压在白毛公鸡身上，白毛公鸡只好俯首称臣。

当白毛公鸡看到黑毛公鸡叼着那条青虫去向一只花母鸡大献殷勤时，又很生气，并不停地抱怨自己运气不佳，不然，此刻得到花母鸡爱情的就应该是自己了。

"伙计，你光生气有什么用啊？生气能解决问题吗？"一只麻雀见了，对白毛公鸡喊道。

"除了生气之外，我还能怎么样呢？"白毛公鸡不停地叹息起来。

"嗨！生气不如争气，你何苦折腾自己呢！"麻雀说完便飞走了。

生气不但解决不了任何问题，反而会伤神，有损身体健康，甚至会使人失去理性。比如，当你周围的同事升职或加薪了，而你还在"原地踏步"时，你首先要做的不是忙着生气，而是要反省自己，找找自身的原因，或许是你专业知识不够，也可能是缺乏工作技能。找到自身的原因后，你可以把生气时投入的时间、精力都用在学习、工作上。如此一来，你就能把自己从"生气"中解脱出来。如果你凡事都去努力争取、去付出、去奋斗，或许将来你能有所成就，从而也能为自己争一口气。

　　有一位哲人说得好："不该记住的叫我忘了吧，不该忘记的叫我记住吧，不一定到了春天才去打扫家室，不妨把旧的回忆加以分类，把乱七八糟的杂念屏除，否则这些杂念会把你的心灵挤破。"

　　心灵悄悄话

　　在人的一生中，谁都难免会遇上一些不开心的事，而此时，生气是大部分人都会选择的。的确，生气是一种与生俱来的本能，它往往是一种不假思索的反应，具有强烈的破坏性。然而，生气不但解决不了任何问题，反而会损害我们的身体健康，甚至会使人失去理智，做出许多抱憾终生的事来。所以，我们应该记住古人的教诲：生气不如争气。

唯有埋头，才能出头

唯有埋头，才能出头，急于出人头地，除了自寻苦恼之外，不会真正得到什么。

许多有抱负的人都忽视积少成多的道理，一心只想一鸣惊人，而不去埋头耕耘。忽然有一天，他看见比他起步晚的，比他天资差的，都已经有了可观的收获，他才惊觉到自己这片园地里还是一无所有。他才明白，不是上天没有给他园地，而是他一心只等待丰收，忘了播种。于是，他只好任岁月蹉跎，年华老去，而他的愿望仍然只是个愿望。

人就像一粒种子，你要它长大，就要经过在泥土中挣扎的过程。如果不肯忍受被泥土埋藏的苦闷，只想享受温暖的阳光、呼吸新鲜的空气，那么它永远也不会生根发芽，茁壮成长。

有一位年轻人时时都想干出一番大事业，以便能够获得周围人的尊重和崇拜。但他整天游手好闲，不做任何事，只一门心思地思考着如何才能出人头地，人们背地里都叫他"空想家"。

后来，年轻人闲逛到了山脚下的一个智者家里。智者见他成天不做事，忍不住教训了他几句。

年轻人说："我不是不想干事，而是想干大事，因为我要出人头地，可一直找不到出人头地的方法。"

智者带着年轻人来到院子后的花园里，然后从口袋里拿出一包种子说："这是九月菊的种子，现在你想个办法让它们早点开花，并让它们的花朵鲜艳夺目、出人头地吧。"

"想让它们在花中出人头地还不简单吗？咱们把它埋进土里，它就会生根发芽，钻出上壤，在秋天开出美丽的花朵。"说完，年轻人便刨土准备种下种子。"你这样做是不是埋没了它们？"智者笑着问。

"可是，如果不经过埋没阶段，它们怎么可能发芽而破土而出呢？"

"孩子，看来你早就知道出人头地的方法呀。"

"您是说……"年轻人有所感悟。

智者是在借助种子的生长告诉年轻人：人只有埋头做事，才能有所作为，最后才能出人头地。

为了做好某一件事情或是为了获得某一方面的成功，暂时的埋头是很有必要的。正如爬山，你必须低着头，认真并具有耐性地去攀登。到你付出相当的辛劳努力之后，登高下望，你才可以看见你已经克服了不少困难，走过了不少险路。所以，只有一次次的小成功，才会慢慢累积成人的更接近于理想目标的成功。埋头是为了更踏实地做事，当你学会埋头时，你将在事业上比别人收获得更多。

心灵悄悄话

　　一个人如果急于出人头地，除了自寻苦恼之外，不会真正得到什么。人只有埋头做事，才能有所作为，最后才能出人头地。

第四篇　愤怒不如争气

99

注重身教，正人先正己

如果你是一个单位的领导，那么，在日常的管理工作中，要想让下属信服，靠什么方法呢？有人说靠强权压制，有人说用小恩小惠去收买，有人说用物质去交换。这些方法对一些人可能有用，但是，它们不是最好的方法。那么，到底什么方法最好、最适合现代人借鉴呢？那就是注重身教。

做官为政去管理别人，最有说服力的就是自己的行为。俗话说"正人先正己"，正是这个道理，如果不能正己而先正人，那么制定的纪律就会被破坏，就不可能做成大事。所以明智的领导总是严于律己，坚决不贪赃枉法、假公济私。

清朝时，曾国藩在初办团练时，他的弟弟曾国葆在家招募了一千团丁，按理可当个营官。曾国葆自己也以为这个营官是当稳了，但曾国藩偏不给他当，他心里非常生气，埋怨哥哥挡了自己的仕途之路。

曾国藩把弟弟唤进内房，先是把正己才能正人、自身严才能军令严的道理说了一通，又将十个营官，一个个拿来跟曾国葆比，曾国葆也认为自己不如他们。最后，曾国藩又给曾国葆讲了"触龙说赵太后"的故事，告诉弟弟无功而处高位并非好事，这才把曾国葆说得消了气。

自曾国藩创办湘军起家到出任两江总督，先后前来投奔他的亲戚、朋友、学生、门生、旧交何止成百上千，但他始终坚持正己原则，注意唯才是举，唯才是用。对他有恩的南五舅过世后，其独子江庆才前来投奔。已任两江总督的曾国藩乐于照顾，可是这位表弟既无才情，性格又疏懒，交给他办的几件事几乎无一成功，偏偏他还爱以总督表弟自居。曾国藩认定这位表弟不堪造就，尽管南五舅生前有恩于他，他还是委婉而坚定地劝说表弟离营还乡。曾国藩当官以廉勤为本，不图虚荣，不讲情面，对于乡亲邻里能帮则帮，不能帮助的必说清楚；对公益善事，能做的即做，不能做的也不设排场，确实做到了正己正人。

他对表弟说："凡多欲者不能俭，好动者不能俭。多欲如好衣、好食、好声色、好字画古玩之类，皆可浪费破家。弟向无癖嗜之好，而颇有好动之弊。今日思作某事，明日思访某客，所费日增而不觉，此后讲求俭约，首戒好动。其次，则送情宜减，所谓用之者舒也。否则今日不俭，异日必欠债。"如此这般规劝亲属，在官场实属少见。

在中国的历代忠臣贤官之中，像曾国藩这样先正己后正人的正人君子也不在少数。隋文帝时，辛公又任并州刺史。他处理案件很快，能立即作出裁决。如果有犯人须判监禁，他当天晚上就住在工作的地方，不回家。人家劝他回去，他说："我这个刺史没有德行和能耐，不能使百姓们不发生刑事纠纷，怎么可以把人家关在监狱里，自己却回家安安心心睡觉呢？"犯人听见这话，都非常感动，心里感到不安和后悔。

所以说，这种"先己后人""推己及人"的方法，于情于理说来，都是非常感人的。

"正人先正己"的确是管理的真谛，因此很多现代人企业家都把它用在了日常工作中。美国企业家玫琳·凯就是其中之一。

玫琳·凯领导着一个庞大的化妆品王国。在公司里，她深受员工们的尊敬和拥戴。当记者问玫琳·凯成功的原因时，她说："很简单，我的工作就是为员工起表率作用。"

玫琳·凯认为："领导的速度就是众人的速度，称职的管理者要以身作则。例如，所有美容顾问都必须对公司的生产线了如指掌。这项工作并不复杂，它只是一个如何做准备工作的问题。一个销售主任除非自己是商品专家，否则是不可能说服其美容顾问成为商品专家的。我无法

想象出一个不熟知商品知识的销售主任怎样开好销售会议。因此，一个好的销售主任必须事事以身作则，只有自己先做到了，才能要求其他人照自己所做的那样去做。

"管理者不但应在工作习惯方面，而且也应在衣着打扮方面为众人树立一个好榜样。管理者的形象是十分重要的。我只是在自己的形象极佳时才肯接待客户。我认为，自己是一家化妆品公司的创始人，必须给人留下好的印象。因此，如果不能给人留下好印象，不如干脆闭门谢客。我甚至不得不限制自己最喜爱的消遣方式养花。我认为，要是让人看见我身上沾满了泥浆，那多不好。

"有人告诉我，我们的全国销售主任中有许多人在学着我的样子，都穿得十分漂亮，成了各地区成千上万的美容顾问在穿着方面效法的榜样。

"人们必定在模仿管理者的工作习惯和修养，不管其工作习惯和修养是好还是坏。假如一个管理者常常迟到，吃完午饭后迟迟不回到办公室，打起私人电话没完没了，不时因喝咖啡而中断工作，一天到晚眼睛死盯着墙上的挂钟，那么，他的员工大概也会如法炮制。值得庆幸的是，员工们也会模仿一个管理者的好习惯。例如，我习惯在下班前把办公桌清理一下，把没干完的工作材料装进我称之为'智囊'的包里带回家，我喜欢当日事当日毕。尽管我从未要求过我的助手们和七名秘书也这样做，但是她们现在每天下班时，也提着'智囊'包回家。"

她是这样说的，也是这样做的。正因为她在公司里注重身教，而少了一些条条框框的言论，因此，员工们都能以她为表率，对工作投入巨大的热情，从而使玫琳·凯化妆品公司在短时间内就迅速崛起，成为一个庞大的化妆品工国。

在企业里，领导者如果能以自身的具体行为来作表率，则胜过无数的条条框框和指手画脚。如果管理者没有意识到这一点，而在日常工作中命令员工"必须如此"或者"只能那样"，那么，无论管理者的指令多么严肃，多么具有权威性，员工们还是常常难以实现目标，不但如此，有时还会遭来反讥。

"身教重于言传"，能身教时，明智的领导者连一句话都不必说，也能达到预期的良好效果。在生活中，在朋友、亲人面前做到身教重于言传，那你做人也就成功了一半。

心灵悄悄话

"作为一名管理者，你重任在肩，你的职位越高，越应重挑，给人留下适当的印象。因为管理者总是处于众目睽睽之下，所以你在采取行动时务必要考虑到这一点。以身作则吧！过不了多久，你的部下就会照着你的样子去做。"

第四篇 愤怒不如争气

从容面对挫折

挫折只不过是湖中的一丝波纹！只要你坚持下去，它总会消失！

英国的索冉指出："逆境不应该成为颓丧、失志的原因，而应该成为新鲜的刺激。"因此，身处逆境时，我们要做的第一件事就是调整心态，使自己能从容地面对各种挫折。

香港富豪霍英东出生时，家里很穷。在苦难中长大成长的他，进入社会后的第一份工作是在一艘旧式的渡轮上做加煤的工作，但做了不久就被老板"炒鱿鱼"了。

霍英东天资聪颖，人又勤奋。为什么会被解雇呢？原因是他家太贫穷，长期营养不良的他，体重只有90多斤，瘦骨嶙峋，根本无法负荷夜以继日的体力劳动。

后来，霍英东在启德机场当苦力，每天有七角五分的工资及半磅米分配。他说："为了省钱，我每天清晨5时就由湾仔步行至天皇码头，坐一角钱的船过九龙，再骑脚踏车往启德机场。"可是由于体力不足，他在扛货时，一只手指被压断了。

工头看他可怜，便安排他做修车学徒，但他爱好冒险，擅自驾车不小心撞上了另一辆货车，于是又被解雇了。此后，霍英东曾应征做铁匠，却因为太瘦弱而没有成功；又上船做装订的工作，但很快再次被"炒鱿鱼"了；接下来，他又到太古糖厂做制糖的工作。

一次又一次的苦难，并没有击垮霍英东，反而磨炼了他的意志，培育了他的坚强性格。将近而立之年时，霍英东终于时来运转，在短短几年间就发了一笔大财。不久，他又向房地产业进军，并参与航运业、娱乐业经营，终于跻身于华人超级富豪的行列。

俗话说：吃得苦中苦，方为人上人。霍英东正是把挫折当成了一种磨炼，当成了成功的基石，最终获得了成功。因此，面对挫折时，我们要调整好自己的心态。只有拥有好的心态，才能成为一个成功的人。

巴雷尼小时候因病成了残疾。他母亲的心就像刀绞一样，但她还是强忍住自己的悲痛。她想，孩子现在最需要的是鼓励和帮助，而不是妈妈的眼泪。

母亲来到巴雷尼的病床前，拉着他的手说："孩子，妈妈相信你是个有志气的人，希望你能用自己的双腿，在人生的道路上勇敢地走下去！好巴雷尼，你能够答应妈妈吗？"母亲的话像铁锤一样撞击着巴雷尼的心扉，他"哇"的一声，扑到母亲怀里大哭起来。从那以后，妈妈只要一有空，就帮巴雷尼练习走路，做体操，常常累得满头大汗。

体育锻炼弥补了残疾给巴雷尼带来的不便。母亲的榜样作用，更是深深地教育了巴雷尼，他终于经受住了命运的严酷打击。他刻苦学习，成绩一直在班上名列前茅。最后，他以优异的成绩考进了维也纳大学医学院。大学毕业后，巴雷尼以全部精力，致力于耳科神经学的研究。最后，终于登上了诺贝尔生理学和医学奖的领奖台。

这便是挫折所产生的作用，能够让一个人自强不息，化不幸为前进的动力。而我国著名数学家华罗庚也是在挫折中成长并成功的人。

华罗庚中学毕业后，因交不起学费而被迫失学。

回到家乡，华罗庚一面帮父亲干活，一面继续顽强地读书自学。但不久后，他又身染伤寒，病势垂危。他在床上躺了半年，痊愈后，却留下了终身的残疾——左腿的关节变形，他瘸了。当时，他只有19岁，

在那迷茫、困惑，近似绝望的日子里，他想起了双腿被废后著《孙膑兵法》的孙膑。"古人尚能身残志不残，我才只有19岁，更没理由自暴自弃，我要用健全的头脑，代替不健全的双腿！"

青年华罗庚就是这样顽强地和命运抗争着。白天，他拖着病腿，忍着关节剧烈的疼痛，拄着拐杖一颠一颠地干活；晚上，他在油灯下自学到深夜。1930年，他的论文在《科学》杂志上发表了。这篇论文惊动了清华大学数学系主任熊庆来教授。后来，清华大学聘请华罗庚当了助理员。在名家云集的清华园，华罗庚一边做助理员的工作，一边在数学系旁听，还用四年的时间自学了英文、德文、法文，并发表了10篇论文。在25岁时，华岁庚成了蜚声国际的青年学者。

华罗庚在遇到困难和挫折时，能够奋发向上，自强不息，征服挫折和失败，在挫折与失败中获得成功。然而，很多人在遇到困难和挫折时，往往自暴自弃，首先想到的是自己不行了，从而放弃努力奋斗，因而也放弃了成功的机会。

不管你从事什么工作，不管你处在什么样的社会环境中，我们都会经常面临逆境。我们要像华罗庚那样，虽然经历磨难，却最终有了一个好的结果。另外，面对挫折时，一定要把心态放正。心态的改变，就是命运的改变。正如世界著名的潜能学大师安东尼·罗宾所说："影响我们人生的绝不是环境，也不是遭遇，而是我们持什么样的心态。"

心灵悄悄话

俗话说：吃得苦中苦，方为人上人。霍英东正是把挫折当成了一种磨炼，当成了成功的基石，最终获得了成功。因此，面对挫折，我们要调整好自己的心态。只有拥有好的心态，才能成为一个成功的人。

学会把打击变为动力

天将降大任于是人也，必先苦其心志，劳其筋骨，饿其体肤，空乏其身，行拂乱其所为，所以动心忍性，曾益其所不能。

在走向成功的路途中，千万不要因为他人的打击，如故意刁难、白眼、讽刺而变得沮丧，甚至打算放弃。因为在打击的背后，带给我们的或许是一种帮助，它要我们在打击中成熟，要我们在打击中努力向上，选择成功，为的是发愤、拼搏，最后走向成功。

所以，面对别人的打击，你大可把它当作刺激你前进的动力，并毫不动摇地继续向前迈进。这样，你便能打开通往成功的大门。

曾经被称为"打工皇后"的吴士宏以前只是一个护士。1985年，她决定到当时世界最大的信息产业公司——IBM去应聘。IBM的招聘地点在北京长城饭店。

她回忆说，在长城饭店门口，自己足足徘徊了5分钟，呆呆地看着各种肤色的人从容地迈上台阶，她的内心深处却无法估量自己与这道门之间的距离。经过一番思考，她鼓足了勇气，走进了IBM公司的北京办事处。她的确是个人才，顺利地通过了两轮笔试和一轮口试，最后到了主考官面前。

主考官没有提什么难的问题，只是随口问："你会不会打字？"

她本来不会打字，但是本能告诉她，到了这个地步，不能有不会的。

于是，她点点头，只说了一个字："会!"

"一分钟可以打多少个字?"

"您的要求是多少?"

"每分钟 120 字。"

她不经意地环视了一下四周,发现考场里没有打字机,于是马上回答道:"没问题!"

主考官说:"好,下次考试时再加试打字!"

实际上,吴士宏从来没有摸过打字机。面试结束,她就飞快地跑到一个朋友处借 170 元买了一台打字机,然后没日没夜地练习了一个星期,居然达到了专业打字员的水平。

她被录取了,她成了这家世界著名企业的一名普通员工,她扮演的不是白领,而是一个卑微的角色,主要工作是泡茶倒水、打扫卫生,用她自己的话说,"完全是脑袋以下的肢体劳动。"她为此而感到很自卑,她把可以触摸传真机作为一种奢望。

有个女职员,香港人,资格很老,动不动就喜欢指使别人为她办事,吴士宏就是她的主要指使对象之一。

一天,这位女士对着吴士宏说:"如果你喝我的咖啡,可以,但每次都请你把杯子的盖子盖好!"吴士宏本来是一个很会忍气吞声的人,但这次她的女性温柔全都不见了。

她顿时浑身战栗,就像一头愤怒的狮子,把埋在内心的满腔怒火全部发泄了出来。吴上宏发誓:有朝一日,我要去管公司里的每一个人!

甘愿自卑,就只能沉沦下去;不肯自卑,就会产生无穷的推动力。吴士宏选择了后者,她每天除了工作就是学习,为自己寻找最佳的出路。

最终,在与她一起进 IBM 的人中,她第一个做了业务代表,成为第一批本主的经理,成为第一批赴美国本部进行战略研究的人,又第一个成为 IBM 华南地区的总经理。此外,吴士宏还登上了 IBM(中国)公司总经理的宝座。

受到打击后，不要总是愤愤不平，而是要想一想怎样做才能使自己同那些精英一样受人尊敬。

最好的办法就是化打击为动力，不断学习进取。当你的本事练成了，底气足了，那时谁又敢再轻视你？

心灵悄悄话

外界的打击是一把双刃剑，它可以令你沉沦，也可以催你奋进。一位哲人说过，任何学习，都不如一个人在受到屈辱时学得迅速、深刻、持久，因为它能使人更深入地接触实际、了解社会，使个人得到提升、锻炼，从而为自己铺就一条成功之路。

第四篇　愤怒不如争气

把不可能变成可能

哪怕只有百分之一的希望，也值得你百分之百去尝试！

喜欢自我设限的人最爱说的话就是"不可能"。但是，如果你在做事情之前，就告诉自己"不可能完成"，那结果就是你真的不可能完成，因为你更加相信一开始给自己设定的高度。

经常说"不可能"，对我们来说真的是一件很恐怖的事情。长此以往，你本来可能做到的事情由于你的限制，结果也变成了不可能。

从心理学的角度去考虑，每次你在说"不可能"之后去做事，都会感到压力小之又小；而另一方面，当你失败之后，你会告诉自己说"看，我早就说了不可能吧"，于是，你对失败的压力又大大减少了很多。所以，经常说"不可能"会让你逐渐放松对自己的要求，那你的一生，也不会有太大的作为。

孙正又，日本"软银集团"的创始者。

这个身高仅仅1.53米的矮个子男人，19岁时就制定了自己50年的人生规划，其中一条，就是要在40岁前至少赚到10亿美元。而在他40多岁时，这个梦想早已成了现实。

在制定人生50年规划时，孙正又还是一个留学美国的穷学生，正为父母无法负担他的学费、生活费而发愁。他也有过到快餐店打工的想法，但很快又被自己否定了，因为这与他的梦想差距太大。左思右想之后，他决定向松下学习，通过创造发明来赚钱，于是，他逼迫自己不断想各种点子。一段时期内，仅他设想的各种发明和点子，就记录了整整

250 页。

最后，他选择了其中一种他认为最能产生效益的产品——"多国语言翻译机"。但就在这时，问题来了：他不是工程师，根本不懂得怎么组装机子。但这难不住他，他在心里暗暗地重复着一句话："我能做到！"他向很多小型计算机领域的著名教授请教，向他们讲述自己的构想，请求他们的帮助。

大多数教授拒绝了他，但最终还是有一位叫摩萨的教授答应帮助他，并为此成立了一个设计小组。这时，孙正又还面临着另一个问题：他手上没有钱。

怎么办？这也难不倒他，他想办法征得了教授们的同意，并与他们签订了合同：等到他将这项技术销售出去后，再给他们研究费用。

产品研发出来后，他到日本推销。夏普公司购买了这项专利，并委托他再开发具有法语、西班牙语等7种语言翻译功能的翻译机。这笔生意一共让他赚了整整100万美元。

所以说，一个人只要开动"脑力机器"去解决问题，就能创造奇迹！而创造这种奇迹，关键在于改变发问方式：将否定式的疑问——"怎么可能"，变为积极性的提问——"怎样才能"。

如果心中只想到事情为什么"不可能做到"，你就永远都不可能把事情做好。因此，你应该集中注意力去想如何才能把事情办成。因为我们把自己给捆绑住了，所以说什么事情都"没有可能"。而一个杰出的人，总是通过改变自己的心态和发问方式，最终将"绝不可能"变为"绝对可能"。

生活中有些人只要遇到一些问题，就会产生"只能到此为止"的念头，或者认为自己已经到了"智能极限"，没有可能再向前进一步了。很多成功人士却与此相反，他们总是勇于向所谓的"智能极限"挑战，变各种"不可能"为"可能"。

还有很多人在做每件事情之前都不会问自己是否可能，而只是问自

己是否能完全尽力。事实上就是把"不可能"的戒律先放一边，而只想自己是否完全尽力，是否想尽了一切办法，穷尽了一切可能……这样做，是最有效的方法。

因为，只有把意识的焦点对准解决问题，这样才能减轻解决问题的焦灼感，让你能沉下心来进行思考和创造，轻装上阵，才能集中心智去解决问题，这样也能让问题得到很好的解决。

如果你发出"怎么可能"的疑问，百分之百就会就此打住，不可能再进一步。但是，假如你将焦点集中在了思考"怎样才能"上，效果就会完全不一样。

心灵悄悄话

从现在开始，不要在做每件事情前说"不可能"，而是要大胆去做。即使你失败了，也应该觉得自己努力了，并不遗憾，因为你比那些不敢去尝试和努力的人强多了！

化怒气为积极行动

自我提升的最重要的方式是行动，而不是生气。

一位心理学家认为：生气可以是一种有建设性的情绪，它可以帮助你解决人与人之间的伤害和差异性，促进彼此之间的了解，并且为彼此的关系提供更为稳固的基础。当你将生气所产生的活力，运用到有建设性的努力上时，生气就可以带来许多有价值的行动。但是，如果你将生气用在有破坏性的行动上，那么生气就会使你的活力消耗殆尽。

有建设性的生气，可以打开一个全新的沟通管道，能够提醒他人注意到你的需要，由此可以创造出和解及沟通的契机。当你选择正面的方式，如无伤害性的良性沟通，将来自愤怒的能量转移到有建设性的活动上时，那么生气就会是一种有建设性的情绪。

小许是一位大学讲师。在一次由教导主任主持的课题研讨会上，小许接听了朋友打来的紧急电话。就在小许挂掉电话的时候，教导主任严厉地批评了他。教导主任责怪小许应该告诉朋友不要在开会时打电话给他。

这时，小许老师的血液立即沸腾起来，他几乎冲口而出："任何时间你想接电话都可以接，凭什么要求我不要接朋友的电话？"但是用激进伤害的方式向教导主任反击，这样不仅不能解决问题，自己也会受到影响。事后，小许老师认为这样做不妥，应该找教导主任好好面谈。

隔天，小许老师找个机会单独向教导主任说："教导主任，我很不欣赏你昨天告诉我不能接任何朋友的电话的事，那些都是很重要的电

话。如果你不希望我在开会时接听电话，你可以要求秘书接听，替我们留话，但是既然你在当时将电话转给我，所以我认为接听应该是没问题的。昨天的情况最让我难堪的是，你在其他老师面前谴责我。我无法想象，如果是你，你会如何面对？而且你对我说话的方式，我也很不认同，你的口气好像是父母在责骂小孩……

"越是想到你要我遵守你昨天的要求，就越让我感觉不舒服。我不想说什么不尊敬你的话。我们对于你在管理和教学上的能力和学识都相当推崇。同时我也记得，当我改进教学方式时，你是如何支持我的。我很担心如果我将你的要求转达给其他同事后，会降低他们对你的尊敬。

"我不认为我们应该明确审查每个人的电话，我尊重你有过滤你的电话的权利，也期望你能尊重我们应享有相同的权利。"

在小许老师与教导主任的谈话中，你应该已经注意到，他用了很平静和善的语调。他这种自信的回应，清楚地表现出他的意图是为了加强和教导主任之间的工作关系，避免他们之间有任何失和的情况发生。

生气是一种自然的正常的情绪反应，你可以用巧妙而间接的方式来表达你的情绪，也可以毫不隐瞒地表现出来，但不论是哪一种方法都只会让你更生气，而且也很容易引发他人生气。

心灵悄悄话

你可以用有建设性的办法，用积极的行动来化解生气的情绪，让生气为你工作，同时也能起到减少或消灭他人对你生气的机会。

让嘲笑成为动力

一切受人嘲笑的人都要相信自己的胜利。

一个人活在世上，要想成功，要想超凡脱俗，就必然要面对无数冷言冷语和讥讽嘲笑。如果你能正确面对讥讽和嘲笑，你就会成功，相反，你就会失败，也会真正成为人们茶余饭后的笑柄。

猴子王国有一个规定，即每年五月都要举行爬树比赛。

猴子雄雄高大英俊，但非常懒惰，它不喜欢在树上爬上爬下，成天就知道在洞里呼呼大睡，还常常做着娶媳妇的美梦。

今年的爬树比赛格外盛大，因为有许多外地山头上的猴子都要来参加，花果山的猴王也带着女儿丝丝公主来了。

在开幕式上，雄雄对美丽的丝丝公主一见倾心，盛情邀请丝丝公主跳舞，出乎意料的是，丝丝公主冷冷地拒绝了它："哼，请站得远点，我讨厌被像你这样游手好闲的花花公子挡住视线。"同时表现出了瞧不起雄雄的神情。

雄雄见受了冷落，非常恼火，正想发作，猴王对它说："孩子，你怎么没有准备今天的比赛呢？我看你身材高大，四肢修长，应该是一个爬树高手呀！"

雄雄低下了头，惭愧地回了家。

雄雄离家出走了，它给父母留下一封信："请不要找我，我要好好努力，做出一些令人愉快而信服的成绩来……"

整整过了五年，恰逢第十届爬树比赛。

在这届爬树比赛中最吸引人的是，老猴王已颁下圣旨：谁在这次大赛中赢得冠军，谁就可以娶丝丝公主为妻，而自己因年迈体衰，也将把王位让给未来的驸马。

年轻的猴子们兴奋至极，个个摩拳擦掌，誓争第一。但比赛结果却令观众们大吃一惊，因为冠军是一只谁也叫不出名字的猴子。

"尊敬的大王和丝丝公主，你们还认识我吗？"

"孩子，这正是我想问你的问题，你叫什么名字？怎么比赛名单上没有你的介绍呢？"猴王说。

年轻的猴子双膝跪地，恭敬地叫答道："尊敬的大王，我就是五年前出走的雄雄，我离家出走的目的就是要锻炼出一身爬树的好本领，并学会通过劳动来养活自己，而我思想上的改变，全得益于当年丝丝公主的一番话……"

丝丝公主连忙用双于扶起雄雄。"我永远敬爱你。"丝丝公主深情地对雄雄说。在猴子们的欢呼声中，雄雄和丝丝公主走上了红地毯。

而对嘲笑，猴子雄雄没有一蹶不振，而是选择了上进，因此也赢得了美好的爱情。生活中的我们，也要学会调节自己的心情，不要过分在意别人的嘲笑。如果我们把嘲笑化为前进的动力，就能改变自己的命运。

鲁班小的时候特别喜欢做木工，立志将来要做一名最好的工匠。于是，他每天都拿着一把斧子，砍砍木头，削削竹子，做一些简单的木器竹器。

邻居们见了都笑他，说："你成天瞎鼓捣啥呀？就你这两下子还想做工匠？"有人还指着鲁班做的东西奚落："你做的这是板凳呀？简直就是长腿的扁担嘛！""你做的这是梯子吗？这不是带凳儿的拐棍吗？"

要是换了别人，大概早让人们说得没了兴趣，但鲁班却不以为意，他没把邻居们的嘲笑当成负担，反而当成自己发明创造的动力。他觉得邻居们说的话很有意思，如果扁担能长上腿，自己能走路，人们运起东西来不就省力了吗？如果梯子真能像拐棍一样，一节一节拄着往墙上爬，再高的墙不都能爬上去了吗？

正是因为把邻居们的嘲笑当作了动力，鲁班才发明了手推车和云梯。后来，鲁班成了鲁国最有名的工匠，也成了人们敬佩的人。面对别人的嘲笑，鲁班并没有放弃，而是从别人说的话中找到了创作的灵感。

在生活中，当别人嘲笑你的时候，你要学会正确面对。你要清楚地知道，别人之所以嘲笑你，是因为别人看不起你，觉得你做不成那件事情。既然他认为你做不成那件事情，那就一定有他的理由，而这些理由，就是他嘲笑你的依据，他在嘲笑你的时候，会把他的嘲笑依据透露出来。

这些依据，错也好，对也罢，你都没有必要去反驳。相反，你要对照他嘲笑你的依据，查找出自身存在的不足，假设办事过程中可能出现的种种阻碍，从中制订出提高自身素质、处理突发事件的预案，从而更有把握地把你想要办的事情办成。

所以说，把嘲笑当成动力，是成功者的最基本素质，也是做大事者的最基本修养。世界上很多成大事者都受到过别人的嘲笑，甚至打击，但他们都没有把嘲笑和打击当成包袱，而是化作前进的动力，因此取得了成功。而只有在别人的批评和嘲笑中不断完善自己，才能有一番作为。

心灵悄悄话

第四篇　愤怒不如争气

117

阻力也是成功的动力

　　面对艰难困苦，懦弱者被磨去棱角，勇敢者将意志品质磨砺得更为坚强。正如有白天就有黑夜，有晴天就有阴天一样，生活并不处处是阳光和鲜花，还会有丑陋和阻力。那么，怎样化阻力为动力，促使自己尽快走向成功呢？

　　当代科学最高奖赏——诺贝尔奖的创立者给我们做出了极好的典范。因此，每当人们以羡慕的心情议论着高不可攀的诺贝尔奖时，同样也以崇敬的心情议论着这位伟大的科学家。

　　诺贝尔的一生是与阻力抗争的一生。他的发明、创造很多，但却得不到周围人的理解，甚至有些人违背他的初衷，把他发明的火药用在战争中。战争的残酷，火药带给人的伤害，使许多人对他痛恨不已，这大大地阻碍了他的科学实验和发明创造，使他的奋斗历程充满了阻力。

　　少年诺贝尔最喜欢到父亲的火药工厂里去玩。看着两个哥哥在那里操纵机械，他满心向往，巴望着自己快快长大，也能从事科学试验。

　　有一天，他向工人要了点火药粉末，放在空罐里，盖上盖儿，在空隙的小孔里插上导火线，然后点火。"砰"一声巨响，罐子爆炸了，人们惊奇地从四面八方奔过来，想看看到底发生了什么事故，却发现只是一个小孩的恶作剧。父亲知道以后非常生气，责令他不许再玩火药，因为这样太危险了。可是，诺贝尔并没有就此停手，他趁父亲不注意就偷偷地摆弄上一会儿。

　　长大以后，父亲看到他天分极高，就派他去欧洲和美国学习科学技术。他先后到了德国、丹麦、意大利、法国和美国，他白天访问大学，参观实验，如饥似渴地学习新的科学知识，夜间就坐在灯下读他最爱的诗人雪莱的作品，而且自己也练着写起诗来。

周游两年以后，诺贝尔回到了在圣彼得堡的父母的身边。当时，俄国政府为了加强军事力量便派人来找诺贝尔的父亲，请求试制新型火药，父亲便把这一艰巨的任务交给了诺贝尔。不幸的是，没过多久，诺贝尔父亲的工厂倒闭了，父母和小弟只好回到故乡瑞典。而诺贝尔仍然坚持着做试验，研究新式炸药。

1863 年，他发明的雷管引爆装置获得了成功，各地纷纷来订货。眼看着诺贝尔的事业开始发展的时候，实验室里突然发生了意外事故，小弟爱弥尔在这场意外事故中丧生。看着废墟中小弟的残骸，诺贝尔痛心疾首，他跪在地上，内疚地对双眼紧闭的弟弟说："原谅我，请你原谅我！"第二天，各家新闻报纸纷纷登出了特大号新闻，耸人听闻的流言不胫而走，一时间全城人心骚动，仿佛定时炸弹随时都有可能发出巨响一样。警察传讯了诺贝尔，下令禁止他在城区内生产。

阻力没有使诺贝尔住手，他将失去亲人的悲伤和不被理解的痛苦埋在了心底，仍然顽强地走着自己的路。为了不再给周围人带来不安全感，他将实验室搬到了森林深处的湖心驳船上，办起了水上工厂。无论寒风瑟瑟还是狂风暴雨，他都义无反顾地研究着、试验着。不久，他发明了使硝化甘油降温的冷却装置。硝化甘油火药很快被开矿业、筑路业采用，它的强大的爆炸力表明了诺贝尔的成功。一时间，美国、奥地利、比利时、德国纷纷订货，世界各地普遍采用了它。

正当诺贝尔沉浸在成功的喜悦中时，由于搬运工人的疏忽和无知，爆炸事故不断发生。人们纷纷投诉政府，对这种"杀人的炸药"表示抗议。没办法，各国只好对硝化甘油火药严加取缔。

又一次遭到阻挠，诺贝尔想的不是怎样知难而退，而是如何改进技术，发明更安全、更方便的"达那炸药"，他将阻力变成了科学研究的动力。此后，除了发明炸药以外，诺贝尔还在革新硫酸生产，改进煤气

炉灶，冷冻设备，铁的提炼，火箭发射法，留声机和电池的改良以及试制人造丝等项目方面都有发明创造。

虽然诺贝尔是以发展生产的愿望试制火药的，但现实却与他的愿望相悖，这使他相当苦恼。许多军火商都想把他的新发明抢到手，好卖个大价钱，人们也把他当成一个军火商来看待，甚至称他为"兜售不断提高杀伤力武器而发了大财的商人"。为了证明自己的清白，他诚心诚意地赞助慈善事业，捐献巨款支持和平运动。

母亲去世以后，诺贝尔悲痛万分，他将母亲节省下来的存款攒在一起，设立了以她的名字命名的慈善委员会。同时，他又在遗嘱中规定，用自己全部财产（约920万美金）的利息设立诺贝尔奖，分为和平奖、文学奖、物理学奖、化学奖、医学奖和经济学奖，共六种奖项。从此以后，诺贝尔奖一直成为各个领域的最高奖赏。

纵观诺贝尔的一生，我们不能不为他的累累硕果而感到自豪，诺贝尔可以堪称是人类历史长河中一颗闪烁着耀眼光芒的巨星。然而，他最大的成功不是他的发明创造，而是他变阻力为动力的主观能动性。

从现在开始，试着把阻力变成动力，你会发现春光多么明媚，生活多么美好。

心灵悄悄话

对于一个科学家来说，在阻力面前退缩不前，他就不可能成为一名科学家。因为有主观能动性的人至少有成功的可能，而丧失了动力则是一个人最大的悲哀，所以他永远不可能成功。

与人斗气不可取

处世让一步为高，退步即进步的根本；待人宽一分是福，利人是利己的根基。

在生活中，难免要与他人磕磕碰碰，而为这样的事情与人斗气，是我们很自然的反应。

但是，与人斗气，最后苦的却是自己。

敏的老总对他很欣赏，因此滋长了他的虚荣心。

因为有了一些成绩，被人家所认同接受，敏慢慢地以为自己无所不能，对同事对领导都摆出一副鼻孔朝天的架势来。渐渐地，人家对他有了微词，发展到对他不满，到最后只要是他做的事情，人家便来个彻底的不认同。

这一现象反映到了老总那里。老总起初并不在意，因为老总很了解他。后来，人们对他议论多了，老总也迷糊了，觉得敏的问题的确很多。从前，老总过于欣赏他，掩盖了一些问题，时间长了，问题便暴露了，老总对他也颇为不满。于是，老总在某次会议上不点名地批评了他。

在老总看来，这种批评无伤大雅，也有某种保护他、想让他上进的意思。但是敏在这段时间里，自以为谁都在和他过不去。他没有反省一下自身存在的缺陷，反而产生了很强的逆反心理，觉得这些人纯粹是嫉妒他，在打击报复他。

于是，在老总批评他的第一天，敏便上交了辞职书。看到辞职书

第四篇　愤怒不如争气

121

时，老总惊讶于它怎么那么快就摆在他的案头了。老总摇摇头，心想如果不对他进行打击教育，任凭年轻人如此下去，必定没有职场前途。主意打定，老总便象征性地劝说他几句，同意了他的辞职请求，叮嘱道，随时欢迎他回来。

敏上交辞职书的行为只是打算吓唬一下老总，因为他觉得公司离开了他就不能运转，所以用辞职来威慑老总，使之明白他在公司的位置。但没想到，老总竟这么轻率地同意了。

他再次大感委屈，而且认为他自己被这只老狐狸要弄了，他要报复。离职后，他只要有机会就大放厥词，丑化原本欣赏他的老总，闹到后来，他还到公司主管部门告老总的状。

老总起先又好气又好笑，见他闹成这样，实在是感到自己看走眼了。当上级单位调查老总时，发现全是子虚乌有。最后，老总谈了对这位年轻人的做法的看法，得到了上级部门的理解，而敏则失去了他热爱的职场。

后来，老总依然表示欢迎他回来，但他闹到这种地步，已经无颜见同事了，所以，敏失去了一份不错的工作。

可见，与人斗气，是对自己最不负责任的态度。因为斗气会使你所追求的目标变得模糊。

例如夫妻斗气，会妨碍家庭幸福；二人斗气，会荒废事业；两个公司斗气，会相互毁灭；两个国家斗气，会发生战争而导致民不聊生。而斗气会投入大量的时间、精力和金钱。智者不为。

而别人与你斗气，有时却是一种策略。或许他知道其他方法不能令你妥协，所以故意刺激你，把你引入歧路，让你因此自我折损；或许他不知道你是否容易动气，便激一激你，从而探知你的底细，而他的目的，当然也是为了破坏你，或是毁灭你！

另外，斗气会使人的气度变小。忘了气之外还有更重要的事、更广大的天地。

所以，斗气实乃智者不为。

因为，一个智者不会与人斗气，而是斗志。这里的"志"是对未来的规划，换句话说，不管别人对你如何，也不管自己心理感受如何，只管坚定地奔赴自己的目标。

心灵悄悄话

无论如何，你要记住，智者只斗志而不斗气，甚至根本不与人斗，他们只跟自己斗。所以，在不顺心的时候，把倔气、脾气和傲气这些令自己生气的因素都收敛起来，鼓足勇气去争气，这样，朋友看你的眼光又会是另一个样子。

第五篇

用幽默的方式化解愤怒

如何化解我们的愤怒情绪呢？首先，我们必须了解愤怒的力量是巨大的，但同时，愤怒也是软弱的。愤怒就像一个没有自理能力的婴儿，它需要你的关心，这并不是说你要扶持它，而是说，你要关注它、引导它，削弱它所附带的恶的力量，用心灵善的力量或幽默的方式最终化解愤怒。要化解愤怒，我们就得尽量成为好的愤怒的照管者。这需要不断地训练自己，使自己最终能够彻底地了解自己的愤怒。如果你想化解愤怒情绪，使自己的心灵得到解脱，你要把好的力量灌注到你的愤怒中，以此来化解愤怒。

在愤怒时学会有幽默感

有幽默感是具有智慧、教养和道德的表现。一个幽默的人所带给人的感觉是智慧、聪明、机智、豁达，因此，有幽默感被人们认为是展现个人魅力与亲和力的有效途径，是在进行人际交往时经常需要使用的手段，更是化解愤怒的利器。俄国文学家契诃夫说过：不懂得开玩笑的人，是没有希望的人。可见，生活中的每个人都应当学会有幽默。

保罗·纽曼凭借精湛的演技与叛逆的形象，成为好莱坞最受瞩目的男演员。1982 年，保罗·纽曼为了祝贺纽约布鲁克林大学新设电影系，特地访问该校，主持了新片《恶意的缺席》的试映会，并参加了学生的座谈会。

有一位学生愤愤不平地说：“我从收音机听到了这部电影的广告介绍，最后是一场拼得你死我活的枪战场面，可是实际上，片尾非常平静和平，像这种虚伪的广告宣传实在不可行。”

这位学生说得义愤填膺，现场的气氛顿时变得十分紧张。面对这种情况，保罗·纽曼回答说：“我完全不知道广播电台的广告内容。”他顿了一下，接着说：“不过，下一次的片尾一定会出现激烈的射杀场面。镜头上出现的是：我用枪打死了那位广播电台播音员。”

他幽默的回答引起了哄堂大笑，也化解了影迷的愤怒，更赢得了众多影迷的爱戴。

如果面对影迷的指责，保罗·纽曼用愤怒的情绪表示自己的不满，

那么他在影迷心中的形象就会一落千丈。但是，他在这紧张与令人愤怒的场合中，使用了幽默的手段，让令人不快的气氛一下子变得愉悦而轻松，使对立、一触即发的劣势转为和谐与融洽，还使众人心悦诚服地理解、接纳了他。

下雪天，猴王决定到花果山下巡视。由于它平时乐善好施，常帮助周围的百姓，因此当地的百姓都很喜欢它。

当猴王来到一位教书的人家时，戴着眼镜的老先生连忙拿出一杯蜂蜜给猴王喝，却不小心泼洒了一些在凳子上，而猴王也只顾和老先生搭话，未曾发觉，就一屁股坐在了凳子上。

当猴王觉得有些不适时，才发现光光的屁股上早已沾满了黏糊糊的蜂蜜。这时，老先生也发现了猴王屁股上的蜂蜜，他愣在那里，不知该如何是好，只是着急地跺着脚。老先生以为猴王会发怒，然而，他看见猴王用手帕擦了擦屁股，然后笑着对教书先生说："老先生，我真的很感谢您，这样我的屁股就不会因没长毛而觉得寒冷了。"

猴王幽默的回答是睿智的，它化解了老先生的尴尬，也让自己的形象得以提升。所以，当你突然遭遇尴尬时，不要动怒，不要抱怨，而应该用幽默的方式来化解。

生活中，我们把幽默的方式当成人与人之间交往的润滑剂，一点也不为过。一个幽默的人，往往在悲苦时会显得轻松，欢乐时会显得含蓄，遇到危险时会显得镇静，被讽刺时不失礼节，孤独时毫不绝望。

美国著名外交家弗莱彻也是一位善于用幽默的方式来化解愤怒的人物。

弗莱彻在某次局势紧张之时受命担任驻智利大使。柯林斯说："前任驻智利大使被撤回，为避免战争爆发，派遣弗莱彻为驻智利大使。"

弗莱彻的老朋友把他带到当地一家有名的俱乐部，并把他介绍给俱乐部的老板。这位智利的著名人士没有任何诚意地和弗莱彻握了握手。当时，他告诉别人："如果弗莱彻以私人身份来智利的话，我会十分欢迎，但我不喜欢他以美国代表的身份来到这儿。"这个人不知道弗莱彻会说西班牙语，又用西班牙语对他朋友说："美国产的东西嘛，连根鞋带我都不屑去买。"

刚开始，弗莱彻一句话都没说。这时，他终于有了机会，他用西班牙语对众人说："诸位，我觉得自己失败了。这世道，改善两国之间的贸易关系就是外交的目的，可我又能做什么呢？我到这儿的第一天，就看见鞋带在这儿已经没市场了。"

拉丁美洲人敏感得很，当他们听到弗莱彻用西班牙语说话时就很惊诧，而弗莱彻说话又这么有幽默感，他们就大笑起来，同时表示十分欢迎弗莱彻来参加俱乐部的活动。

很多时候，人与人交往，难免会发生一些摩擦，如果在这种情况下从容地开个玩笑，紧张的气氛就能消失得无影无踪，而且听众还会被你的魅力所吸引，被你的宽广胸怀所感动，最后真正接受你。

不善于运用幽默方式的人，如果想在工作、生活中给人留下良好的印象，就请运用幽默的力量来帮助自己。

心灵悄悄话

幽默感是一种亲和力，善于运用幽默的人身边不缺乏朋友与支持的人，更不缺乏通往成功的路。所以，在与人交往时一定要将自己的卓越气质融入幽默的氛围之中，这样，你才能成为受欢迎的人。

第五篇　用幽默的方式化解愤怒

把握自嘲的艺术

自嘲是拥有自信的表现。有些时候，自嘲能够缓解压力，使自己获得自信心。

幽默的艺术一直被人们称为是只有聪明的人才能驾驭的交际艺术，而自嘲又被称为幽默的最高境界。由此可见，能自嘲的人必然是智者中的智者，高手中的高手。

所谓自嘲，就是运用嘲讽的语言和口气戏弄自己、嘲笑自己。说白了也就是拿自身的缺点、弱项，甚至是生理缺陷来"开涮"。然而，从自嘲者的本意来看，又并非只是自我嘲弄，多有"醉翁之意不在酒"的意味。因为，会自嘲的人都能够控制自己的情绪，也善于化解别人的愤怒。

从表面上看，自嘲就是对自己的丑处、羞处不加遮掩、躲避，反而把它放大、夸张、剖析，然后巧妙地引申发挥、自圆其说，博人一笑。因为善于自嘲的人懂得，利用自嘲可以拉近与他人之间的距离。

一次晚宴中，服务员在倒酒时不慎将啤酒洒到一位宾客那光亮的秃头上了。服务员吓得手足无措，主人与所有来宾也目瞪口呆，场面一时十分尴尬。

在这种氛围下，这位秃头来宾却微笑着说："老弟，我的头发已经治疗了许久都没什么效果，难道你以为这种治疗方法会有效吗？"在场的人闻声大笑，尴尬局面即刻被打破。主人对于这位宾客的大度也十分感激。

这位宾客借助自嘲，既展示了自己的大度胸怀，又维护了自我尊严，消除了耻辱感，也使得自己的形象在所有人的心中更加深了几分。而在场的人中没人会讨厌这样一位有风度、有幽默感的秃头先生。他在举手投足间利用自嘲，巧妙地为服务员摆脱了窘境，使宴会能愉快地继续下去。

美国的多位总统也善于运用自嘲化解自己的愤怒，拉近与别人之间的距离。

有一次，美国总统里根访问加拿大，在一座城市发表演说。在演说过程中，一群举行反美示威的人不时打断他的演说，作为加拿大的总理，皮埃尔·特鲁多对这种无理感到非常头疼。然而，面对这种困境，里根反而面带笑容地对他说："这种情况在美国经常发生，我想这些人一定是特地从美国来到贵国的，可能他们想使我有一种宾至如归的感觉。"听到这话，在场的人和尴尬的特鲁多都禁不住笑了。

另外一位美国总统杜鲁门，也是深谙自嘲之道的高手。

有一次，美国总统杜鲁门会见麦克阿瑟——美国一位十分傲慢的将军。会见中，麦克阿瑟拿出他的烟斗，装上烟丝，把烟斗叼在嘴里，取出火柴，当他准备划燃火柴时才停下来，转过头来看看杜鲁门总统，问道："我抽烟，你不会介意吧?"显然，这并不是真心地征求意见。在他已经做好准备的情况下，如果对方说他介意，那就会显得粗鲁和霸道。这种缺乏礼貌的傲慢言行使杜鲁门有些难堪。然而，他只是狠狠地瞪了麦克阿瑟一眼，自嘲道："抽吧，将军，别人喷到我脸上的烟雾，要比喷在任何一个美国人脸上的烟雾都多。"

自嘲可以化解心中的愤怒，也能让尴尬的场面变得轻松愉快，因此，在生活中，当令人难堪的事实发生时，你不要选择愤怒，而是要运用自嘲来化解你或者别人的愤怒。这样，你的自尊心就能通过自我排解的方式得到保护，不至于失去平衡。

传说古代有个石学士，一次骑驴不慎摔在地上。对此情况，一般人一定会不知所措，可这位石学士不慌不忙地站起来说："亏我是石学士，要是瓦的，还不摔成碎片?"

一句妙语，说得在场的人哈哈大笑，石学士自然也在笑声中免去了难堪。

因此，从现在开始，在日常生活中，面对那些不顺心的事情、不如意的处境，不妨来一点自嘲，变严肃为诙谐，化沉重为轻松。

心灵悄悄话

自嘲时对着自己的某个缺点猛烈开火，就容易妙趣横生。而适时适度的自嘲，既是一种可以体现自我良好修养的手段，也能制造宽松和谐的交谈气氛，使人感到你的平和与人情味，让你在愤怒时，可以有效地维护面子，并达到"灭火"的目的。

开玩笑要恰到好处

真正有幽默感的人板着面孔，而周围的人却围着他笑；虚假的想幽默一下的人本身笑个不停，而周围的人们却板着面孔。

在一些比较轻松的场合，人们不会绷着脸。茶余饭后、工作之余，开点儿玩笑既可以活跃气氛，又可以放松神经，解除疲劳，消除心头的怒火，还可拉近彼此之间的距离。

但是，开玩笑要讲究艺术性，也要恰到好处，粗鲁的玩笑不能开，有伤害他人自尊的玩笑不能开，揭人隐私的玩笑不能开，挑拨感情的玩笑不能开，内容不健康的玩笑不能开……总之一句话，千万不要把玩笑开得过火。如果玩笑的效果让人感觉受了嘲弄，不仅不能达到效果，还可能会闹出矛盾来，造成损失。

青年小金、小罗在同一个单位上班，平时两人关系也不错，算是较铁的哥们儿。

一年愚人节，小金故意装作气喘吁吁的样子跑到小罗办公室，说："小罗，你妈在单位出事了！"小罗一听就急了，赶紧往他妈妈的单位打电话，结果弄得那单位的人莫名其妙。

小罗后来才知道是愚人节。虽然他们经常开些无伤大雅的玩笑，但他对小金咒他妈妈的这个玩笑感到非常不满，小金却认为一个玩笑没什么大不了的，两个人因此发生了争执，最后反目成仇。

开玩笑还要注意对象，有的人喜欢和人开玩笑，但有的人却不苟言

笑，喜欢严肃、安静。因此，我们要分别对待，别引起别人的不快。

愤怒——不会作天莫作天

电影《十五贯》说的就是因一句玩笑引发的悲剧。

尤葫芦喜欢开玩笑，而他的养女苏戌娟却爱较真。一次，尤葫芦跟养女开玩笑说："我已经把你卖了。"不料，苏戌娟信以为真，竟在夜里偷偷逃走了。由于跑得匆忙，忘了关门，正巧娄阿鼠前来行窃，便杀死了尤葫芦，而苏戌娟却遭怀疑谋财害命而被捕下狱。

如果是别人，听了这个玩笑，便会一笑了之，可尤葫芦却不顾养女的性格特点，开了这个"严重"的玩笑，因此，酿成了悲剧。

另外，开玩笑还要分场合、分时间。如同事正在工作，你却不知忙闲地开玩笑，就会引起别人的不快；在严肃的会场，你无所顾忌地开玩笑，就会让领导反感。

虽然开玩笑有很多禁忌，但是如果玩笑开得适度，开得有技巧，还是能够为自己赢得喝彩的。

威尔逊在就任新泽西州州长时，曾经参加了一次纽约南社的午宴。宴会的主席对人家介绍说："威尔逊将成为未来的美国大总统。"

于是威尔逊在称颂之下登上了讲台，简短的开场白之后，他对众人说："我希望自己不要像从前别人给我讲的故事中的人物一样。在加拿大，一群游客正在溪边垂钓，其中有一名叫作强森的人，大着胆子饮用了某种具有危险性的酒。他喝了不少这种酒，然后就和同伴们准备搭火车回去了，可是他并没有搭北上的火车，反而是坐上了南下的火车。于是，同伴们急着找他回来，就给南下的那趟火车的列车长发去电报：'请将一位名叫强森的矮个子送往北上的火车，他已经喝醉了。'很快，他们就收到了列车长的回电：'请将其特征描述得再详细些。本列车上有13名醉酒的乘客，他们既不知道自己的姓名，也不知道自己的目的地。'而我威尔逊，虽然知道自己的姓名，却不能像你们的主席先生一样，确知我将来的目的地在哪里。"

在座的客人一听都轰然人笑起来，宴会的气氛也一下子变得愉快和活跃。难道威尔逊的用意仅仅是为了博人一笑吗？当然不是。事实上他是运用了一种最有力的方式来获取他人对自己表示善意和支持的态度，而且也把在这之前的隔阂消除了。威尔逊采取的这个方法就是故意拿自己来开玩笑，以便让对方感到轻松愉快，从而增加对他的好感。

俗话说："良言一句三冬暖，恶语伤人六月寒。"开玩笑是一门艺术，玩笑开得不恰当，就会适得其反，让人乐不起来。而拿自己开玩笑远胜过拿别人开玩笑，故意拿自己开玩笑更是一种智慧。

心灵悄悄话

我们在开玩笑时，一定要照顾到别人的情绪，开玩笑的内容要做到既能引人发笑，又不影响人与人之间的团结，而且不能太庸俗，不能拿同事的笑柄开玩笑，更不要拿别人的缺点和生理缺陷开玩笑。如果，你在开玩笑时碰到了别人的痛处，那就更易引发矛盾了。

第五篇 用幽默的方式化解愤怒

做个诙谐而不失风度的人

诙谐而不失风度的人总是受人欢迎的。

他们的幽默感可能只表现为短短的几句话，或者简单的几个动作，却常常能胜过千言万语的描述与雄辩，使别人明白你要表达的事实和道理，并轻易地接受，为之折服，最后，达到劝解、说服的效果。

著名文学家巴尔扎克一生写了无数作品，却常常手头拮据，穷困潦倒。有一天夜晚，他正在睡觉，有个小偷爬进他的房间，在他的书桌里乱摸。巴尔扎克被惊醒了，但他并没有大喊大叫，而是悄悄地爬起来，点亮了灯，平静地微笑着说："亲爱的，别翻了。我在大白天都不能在书桌里找到钱，现在天黑了，你就不用耗费心机了！"

大作家对贫穷的超脱，可见一斑。

抗日战争胜利之后，张大千要从上海返回四川老家。好友设宴为他饯行，梅兰芳等人均在座。宴会刚开始，人家请张大千坐首座。张大千却说："梅先生是君子，应坐在首座；我是小人，应陪末座。"人家却不解其意。张大千说："有句话说'君子动口，小人动手'。梅先生唱戏动口，我作画是动手，我应该请梅先生坐首座。"满堂来宾为之大笑不止，并深深为张大千先生的豁达胸怀所折服，更生敬仰之心。

所以说，诙谐的语言是思想、学识和灵感的结晶，是一瞬间闪现的光彩夺目的火花。

诙谐的语言是自觉地用表面的滑稽逗笑的形式，以严肃的态度对待生活事物和整个世界。

诙谐的语言是具有智慧、教养和道德上的优越感的表现。

诙谐的语言是人类比较高尚的气质，是文明和睿智的体现。

诙谐的力量是无穷的，它可以使年轻人显得机智，使老人变得年轻。

可以吸引众人的注意力。

可以在微微一笑间缩短彼此的距离。

而在各种紧张、尴尬或令人愤怒的场合中，诙谐更能发挥出其非凡的作用，使所有令人不快的气氛一下子变得愉悦而轻松，使对立冲突、一触即发的态势转为和谐与融洽，还能使对方心悦诚服地理解、接纳你和你的观点。

只要稍稍留意，在生活中到处可以发现能带给人们无穷乐趣的诙谐故事。

在公共汽车上，因突然刹车，一位男青年无意中撞到了一位小姐。小姐愤恨地说："德行！"男青年被她的话激怒了，一场争端迫在眉睫。这时，旁边的一位大爷说了一句话："不是德行，是惯性。"车上的人顿时哄然大笑，小姐不好意思地低下了头，男青年也愉快而诚恳地表示了歉意，车上烦闷、紧张的气氛也被一扫而光。

一位钢铁工人的房屋漏雨，每次请求修缮都没有结果。一天，单位领导视察民情，问及他的房子一事。人们以为他会大诉其苦，却没想到他微微一笑说："还好，不是经常漏，只是下雨时才漏。"工人的妙语博得领导一阵大笑。几天后，修房问题得到了妥善解决。

所以说，诙谐的语言，可以使愁眉不展者笑逐颜开，也可以使泪水盈眶者破涕而笑；可以为懒惰者带来活力，也可以为勤奋者驱除疲惫；可以为孤独者增添情趣，也可以使欢乐者更加愉悦。

最重要的是，它可以使你尽快达到目的。

心灵悄悄话

如果我们想在社交活动中给人留下一个良好印象，就必须运用诙谐。诙谐的社交，可以让人觉得醇香扑鼻，隽永甜美；诙谐的社交，可以把别人的心吸入你的诙谐磁场，在一起笑的时候，使彼此的感情产生交流。

幽默者要有个"度"

在中国素有"逆鳞"之说。传说在龙的喉部之下约一尺的部位上有"逆鳞",全身只有这个部位的鳞是反向生长的,谁如果不小心触摸到这一部位,必会被激怒的龙所杀。因此,即使对再驯良的龙,也不可触碰到逆鳞这一部位。

而人所谓的"逆鳞",就是我们所说的"痛处",也就是缺点、自卑感。所以,无论人格多高尚、多伟大的人,身上都有"逆鳞"的存在,而这个逆鳞,一旦被触碰,就会引起对方无休止的报复之心。只要我们不触及对方的"逆鳞",就不会惹祸上身,还能平步青云。

但是,很多人往往意识不到这一点,在说话的时候,只顾着自己高兴,完全不在乎别人的感受,导致身边的朋友越来越少,直至成为孤家寡人。

雷和黄是很要好的朋友兼同事,并同为公司的部门经理。他们志趣相投,嬉笑怒骂,私下里都没有保留,甚至对方的忌讳也是酒后茶余的谈资。

在一次公司聚会上,雷喝得有点儿多了。为了表达对黄的曲折经历和能力的敬佩,他举起酒杯说:"我提议大家共同为黄经理的成功干杯!总结黄经理的曲折历程,我得出一个结论:凡是成大事的人,必须具备三证!"雷提了提嗓门继续说道:"第一是大学毕业证,第二是监狱释放证,第三是夫妻离婚证!"

话音刚落,众人哗然,黄硬撑着喝下了那杯苦涩的酒。这"三证"

中的两证无疑是黄的忌讳和痛处，他不想让更多的人知道，也不想让人们议论，但雷与他太好太熟太没有界限了，因此触碰到了他的"逆鳞"。

从此，黄对这位曾经的好朋友兼同事的态度一落千丈，他们俩再也回不到当初亲密无间、无话不谈的地步了。

"逆鳞"犹如永不结疤的伤痕，轻轻一碰，就会痛到深处。雷赞美人本应是好事，但他口无遮拦，犯了忌讳，让好事变成了坏事，这也正是"有人一句话把人说笑，有人一句话把人说跳"之间差别的原因。所以说，不管赞赏者和受赞者关系如何密切，千万不要冒犯他的忌讳，触痛他的"逆鳞"，毕竟我们每个人都有缺点、过错和隐私。所以，请尊重朋友的忌讳，不要开那些残酷的玩笑。

有时，公式化的套语也会冲撞别人的"逆鳞"。

一位小伙子到同学家去玩，见到同学的哥哥后就来了一套公式："大哥你好，见到你真高兴！久闻你的大名，如雷贯耳，百闻不如一见！"没想到对方的脸一下子变红了。原来，他同学的哥哥刚因打架斗殴蹲了十五天的监狱出来，这个小伙子根本不明情况就"久闻大名"地恭维了一番，不料却揭了对方的伤疤。

口要留德，脚下才会有路。从谈话中，我们可以丰富知识，获得情感，加强沟通。然而，在谈话中，有时也会发生不幸的事情，这说明说话不当也有负效应。病从口入，祸从口出，有时口舌的祸害危险性不能小看，一句不负责任的话，弄不好会使人丧失生命。

琳和丽是某公司一个部门的职员，她们的工作能力难分伯仲，因此成了竞争对手。

一次，公司选部门主管。因此，谁会先升任为部门主管成了众人议论的话题。但琳和丽的竞争意识过于强烈，凡事总对着干，互不相让。快到人事变动时，她们的矛盾已激化到了不可收拾的地步，好几次互相指责，揭对方的短，上司及同事们怎么劝也无济于事。

结果，两人都没有被提升，主管的职位被部门的其他同事替代了。因为她们在争执中互相揭短，在众人而前暴露了各自的缺点，上司认为这两人都不够资格提升。

别人冲撞了自己的"逆鳞"，被揭伤疤，对谁来说都不是令人愉快的事。不去提及他人弱点，才是待人应有的礼仪。有道德的聪明人即使在盛怒之下，也不会扩散愤怒的波纹。实在是控制不了自己，也只会拿起手边的玻璃杯往地上摔，绝不会拿别人的痛处来发泄自己的愤怒。玻璃杯摔完了就没有其他东西可摔了，充其量也只不过是自己损失一个杯子而已，而打击别人的痛处，则会造成恶劣的后果。

心灵悄悄话

在人们的正常交往中，警惕祸从口出是训练口才的一个重要侧面。因此，我们一定要认真地去注意，两个人交谈，尽量避免谈论他人，如果所谈之事不可避免地涉及他人，也要掌握分寸。

自嘲是一种自我安慰

自嘲是一种特殊的人生态度，它带有强烈的个性化色彩。作为生活的一种艺术，自嘲具有干预生活和调整自我的功能。它不但能给人增添快乐，减少烦恼，还能帮助人更清楚地认识真实的自己，战胜自卑的心态，应付由周围的众说纷纭的评价所带来的压力，摆脱心中的种种失落感和不平衡感，从而获得精神上的满足和成功。

在一则寓言中写到了一只狐狸，它用尽各种办法想得到高墙上的那串葡萄。可是最终还是因墙太高而没有得逞，于是它只好转身离去。狐狸一边走一边自我安慰道：那串葡萄一定是酸的。

望着那串诱人的葡萄，狐狸却无能为力，怎么也得不到，此时的它肯定又失望又不甘心，但仅一句"那串葡萄一定是酸的"，便把自己的心情扭转了过来，让自己从失望中摆脱了出来。

人的一生，谁都难免会有失误，谁身上都难免会有缺陷，谁都难免会遇上尴尬的处境。有的人喜欢遮遮掩掩，有的人喜欢辩解。其实越是遮遮掩掩，心理就越是失衡；越是辩解，就会越辩越丑，越描越黑，最佳的办法是学会嘲笑自己。

阿丘，原名邱孟煌，是中央电视台主持人。他小个头儿、八字眉、厚嘴唇，普通话不太标准，算得上是"央视另类"，但很多人却为这个"另类"深深着迷，不仅因为他所说的新闻故事，更因他那独特的个性和引人入胜的口才。

仅从外表看，阿丘确实有点儿其貌不扬，尤其是在俊男美女云集的央视。但阿丘十分自信，也很乐观。在一次做客某网站时，有网友问他自信的源泉是什么？阿丘回答：

"按照北方人的身材来说，我算是'残疾人'，但人活在这个世上如果只能靠肉体、空间来论优劣，那未免太落后了。我的自信源于从小对自己的一种磨炼，有句话叫'不识庐山真面目，只缘身在此山中'，由于我个子比较矮小，从小到大每次拍集体照，我都站在最后一排的最边上。从这个位置我能看见每个人的表情，别人却发现不了我，我自得其乐。我习惯被别人轻视，我永远不会是主嘉宾，而是个旁观者，就像躲在黑暗处的猫头鹰。"

谈及未来，阿丘相当"超脱"。他说："到了那一天，如果观众不喜欢我了，或者自己江郎才尽，言之无物了，我就在山野乡村，找个僻静地儿把一生的感悟写成戏，做一个精神世界里永远逍遥的骑士！"

自嘲是一种境界。阿丘张口就称自己是"残疾人"，令人瞠目，但这只是虚晃一枪，随后一句"如果人只靠肉体、空间来论优劣，未免太落后了"，便化解了所有尴尬。接着，阿丘正面回答了问题——我的自信源于长久磨炼。问题回答完了，本可就此打住，但阿丘对这含糊的回答似乎并不尽兴，他还继续发挥，列举了自己照相的事，由此引出他鲜为人知的另一些性格特征。最后，妙喻"猫头鹰"，诙谐、形象，拿自己开玩笑有点无奈，更有自信。但是，阿丘在此展示给人家的更是他那种面对生活的浪漫和乐观，其口才也由此镀上了理想的光芒。

从阿丘的例子中我们可以知道，自嘲可以弥补失落，让自己活得轻松。然而，生活中有了自卑感的人，心理很容易失衡。我们从不少人身上能够发现，人有了自卑感，同时也会产生出一种不断弥补自己弱点的本领。往往自卑感越强的人，这种补偿作用就会越强。

古代有一个文人叫梁灏，少年时曾立下誓言，不考中状元誓不为人。结果他时运不济，屡试不中，受尽别人的讥笑。但梁灏并不在意，

他总是自我解嘲地说，考一次就离状元更近了一步。他在这种自嘲的心理状态中，从后晋天福二年开始应试，历经后汉、后周，直到宋太宗雍熙一年才考中状元。他写过一首自嘲诗：天福三年来应试，雍熙二年始成名。饶他白发头中满，且喜青云是下生。观榜更无朋辈在，到家唯有子孙迎。也知少年登科好，怎奈龙头属老成。

自嘲使梁灏经历了漫长的坎坷，终于走向了成功；自嘲也使他走向了长寿，活过了古代难以逾越的九旬高龄。

在生活中，用自嘲来稳定情绪的方法很多。比如，当你在经济上受到不合理的待遇时，你的生理缺陷遭到别人的嘲笑时，无端受到别人攻击时，你不妨采用阿Q的精神胜利法，用"吃亏是福""破财免灾"等语言来调节一下你失衡的心理；在一些非原则问题上，可以装装糊涂，为心灵增加一层保护膜；在时机适当时还可如前所述，幽他一默。

心灵悄悄话

> 自嘲，是宣泄积郁、制造心理快乐的良方，当然也是反嘲别人的武器。学会自嘲，你就会拥有一个平稳和健康的心理，让心中的天平时刻保持平衡。

开玩笑应保持风度

无稽之谈比非凡的机智更能使我们发出笑声，因为无稽之谈更适合我们，更符合我们的天性。

善于讲笑话的人，大多能把幽默的力量运用得十分自如。

也就是说，即使是在他们开玩笑时，也不会让人感到耸人听闻或是哗众取宠，而只是让人看见他们身上的风度。

有一次，唐纳逊等人陪着卡特参观印度农村的一个沼气池，站在池边，气味很不好受。唐纳逊问卡特，要是他掉到池里，卡特会不会拉他一把。

卡特说："当然。"他停顿了一下又补充道："不过要过一会儿。"唐纳逊对卡特的敏捷反应甚感惊奇。有意思的是，唐纳逊受到调侃之后非但不生气，反而更加高兴。

德国生物学家隆涅，非常重视笑对人体生理机能的作用。他以92岁高龄接受荣誉奖章时，致辞说："今天出席大会的许多人岁数已经不小了，对他们来说，重要的是怎样节省自己的精力。也许，你们不一定都知道，一个人皱一下眉头需要牵动30块肌肉，而笑一下只需要牵动13块肌肉，所以笑一下所消耗的能量要比皱眉头少得多。因此，亲爱的朋友们和同行们，请经常笑吧！"

讲笑话如此有用，但粗俗的笑话肯定是有风度的人所不屑的。那么，如何才能做到有风度地讲笑话呢？

一、当你说笑话时，每一次停顿，每一种特殊的语调，每一个相应的表情、手势和身体姿态，都应当有助于幽默力量的发挥，使它们成为幽默的标点。

重要的词语应加以强调，利用重音和停顿等以声传意的技巧来促进听众的思考，加深听众的印象。此外，要选择适合的笑话。讲笑话要配合听众的程度，否则会发生听不懂或过于简单的现象。

不管你肚子里堆了多少可乐的笑话和俏皮语言，你都不能为了体现你的幽默感而不加选择地一个劲儿倒出来。语言的滑稽风趣，一定要根据具体对象、具体情况和具体语境来加以运用，而不能使说出的话不合时宜。否则，不但收不到谈话所应有的效果，反而会招来麻烦，甚至伤害对方的感情，引起事端。

二、不要急于显示结果。在叙述某件趣事的时候，应当沉住气，要以独具特色的语气和带有戏剧性的情节显示幽默的力量。在最关键的一句话说出之前，应当给听众造成一种悬念。假如你迫不及待地把结果讲出来，或是通过表情与动作的变化显示出来，那就像饺子破了一样，失去了味道，也让幽默失去了效力，只能让人扫兴。

还有，不可重复滑稽的动作。假如平时不苟言笑的人，突然在大众面前表演摔跟头，并且头上起了个包，人家会不由得放声大笑。但是倘若该人一再表演同样的动作，不但笑声会消失，甚至会使人产生怜悯之心，以为他的腿有毛病。

三、避免最不受欢迎的幽默方式，即在别人讲笑话之前和之中，自己就先大笑起来。自己先笑，只能把幽默的意义给吞没了。最好的方式是让听众笑，自己不笑或微笑。这就是说，采取"一本正经"的表情和"引入圈套"的手法，才是发挥幽默力量的正确途径。

在每次讲话结束的时候，最好能激发全体听众发自内心的笑容。此时，你不妨试一试，用风趣的口吻讲个小故事或说一两句俏皮话、双关语或是幽默的祝愿词，这些都是很妙的结尾。总之，你要设法在听众的笑声中说"再见"，让你的听众面带笑容和满意之情离开会场。

做到以上几点，你就会深知幽默能给人以从容不迫的气度，更是成熟、机智的象征。而现在，你也不必为自己的言语贫乏而懊恼，因为，只要掌握了这些幽默的技巧，你也可以成为幽默专家。

心灵悄悄话

在与别人的交往中必然会产生一些不必要的尴尬。如果在这些情况下，你能有风度地开个玩笑，相信你与别人之间紧张的气氛就能消失得无影无踪了，而且你身边的人还会被你的魅力所吸引，被你的宽广胸怀所感动，进而钦佩你，最后真正接受你。

第六篇

好脾气与好运气分不开

　　人生就是这样,脾气好了,福气才会来。好脾气是人生的一座桥,将彼此的心灵沟通。走过这座桥,人们的生命就会多一份空间,多一份爱心,多一份温暖,多一份阳光,才能使自己的生活变得轻松、快乐,才能收获生命的幸福。老子说:"祸兮,福之所倚。"在上帝赐给你福之前,往往先派给你祸。如果你在祸面前心平气和,懂得反躬自省,那么你就能穿越祸,得到倚伏在祸后面的福。当我们学会控制自己的情绪,少发脾气或由坏脾气变成好脾气时,好脾气就有可能为我们带来好运气。

处事不惊，游刃有余

东晋名相谢安，字安石，陈郡阳夏（今河南太康）人，他出身名门望族，祖父谢衡以儒学知名，官至国子监；父亲谢裒，官至太常卿。谢安年轻时就思想敏锐深刻，举止沉着镇定，风度儒雅流畅，能写一手漂亮的行书。

宰相之位举足轻重，凡是能够成为宰相的人，除了出众的才学之外，还要有冷静处事、周旋于众人的本事，在乱世更是如此。东晋中期，内外矛盾日益激化。淝水之战前主要是统治阶级内部各集团的夺权斗争，集中表现在司马氏皇权与世族军事集团之间的冲突。桓温身兼大司马、都督和扬州牧等官职，成为总理内外的权臣，虽然他的北伐在客观上有重大意义，但目的在于"欲先立功河朔，还加九锡"。桓温废司马奕，立简文帝，形成了"臣猾陆梁，权臣横恣"的形势。这种时局多虞的形势，既危及东晋的统治，也威胁着江南地区的社会稳定和经济的发展与繁荣。这时，东晋还存在着严重的外患，苻坚统治的前秦在逐步消灭北方各割据势力的同时，不断地把矛头指向东晋。东晋的边境已形成"强敌寇境，边书续至，梁、益不守，樊、邓陷没"的紧迫形势。

东晋复杂的社会矛盾，需要具备处理复杂矛盾条件的人物，在这时，谢安正好应时而出，然而谢安并不想凭借出身、名望去猎取高官厚禄。朝廷曾多次征召，谢安一概予以回绝，因此激起了不少大臣的不满，接连上书指责谢安，朝廷因此做出了对谢安禁锢终身的决定。

然而谢安却不屑一顾，泰然处之，并不因为朝廷的胁迫而恐慌，照样与志同道合的朋友游乐于山林之间。终于，在谢安40岁时，他做出

第六篇 好脾气与好运气分不开

151

怒
——
不
会
作
天
莫
作
天

重大决定，应桓温召为司马，于是从咸安元年（公元371年）到太元十年（公元385年），在15年中他迅速登上了辅政的地位，成为东晋一名非常有作为的宰相。

公元373年（东晋宁康元年），简文帝司马昱死，考武帝司马曜刚刚即位，早就觊觎皇位的大司马桓温，便调兵遣将，炫耀武力，想趁此机会夺取皇位。他率兵进驻到了新亭，而新亭就在京城建康的近郊，是军事及交通重地。桓温大兵抵达此处，自然引起朝廷恐慌。

当时，京城内人心惶惶，而朝廷的重望所在是吏部尚书谢安和侍中王坦之二人。而王坦之本来就对桓温心存胆怯，因为他曾经阻止过桓温篡权。现在桓温带兵前来，京城朝野议论纷纷，认为桓温带兵前来，不是要废黜幼主，就是要诛戮王、谢。王坦之当然不免心惊肉跳，坐立不安。谢安则不同，听了这些议论，他神情坦然地对王坦之说："晋祚存亡，在此一行。"王坦之硬着头皮与谢安一起出城来到桓温营帐，紧张得汗流浃背，把衣衫都沾湿了，手中的笏板也拿颠倒了。谢安却从容不迫地就座。谢安在席间说东道西，谈笑自如，所言之事，左右逢源。在闲谈中谢安还观察到壁后埋伏着武士，这时他也没有慌乱，而是神色自若地对桓温说："我听说有道的诸侯设守在四方，明公何必在幕后埋伏士卒呢？"桓温只得尴尬地下令撤除了埋伏。由于谢安的机智和镇定，桓温始终没敢对二人下手，不久就退回了姑苏。迫在眉睫的危机，被谢安从容地化解了。

内部安定之后，谢安又把注意力转向对付来自北方的威胁。当时，前秦在苻坚的治理下日益强盛，东晋军队在与前秦的交战中屡遭败绩。谢安派自己的弟弟谢石、侄子谢玄率军征讨，接连取得胜利。又命谢玄训练出战斗力很强的北府兵，为抗击前秦做好了准备，同时也作为维护集权的依靠。

著名的淝水之战更是显示出谢安临危不惧，镇定自若的一面。

太元八年（公元383年）八月，前秦皇帝苻坚亲自带领百万大军攻打偏安江南的东晋王朝。向南的大路上，烟尘滚滚，步兵、骑兵，再

加上车辆、马匹、辎重，队伍浩浩荡荡，差不多几千里长。过了一个月，苻坚主力到达项城（在今河南沈丘南），益州的水军也沿江顺流东下，黄河北边来的人马也到了彭城（今江苏徐州市），从东到西一万多里长的战线上，前秦水陆两路进军，向江南逼近。一时间，京都建康（今江苏省南京市）上下震惊。晋军民都不愿让江南陷落在前秦手里，大家都盼望宰相谢安拿主意。

这一回，谢安决定自己坐镇建康，派谢石担任征讨大都督，谢玄担任前锋都督，带领八万军队前往江北抗击秦兵，又派将军胡彬带领水军五千到寿阳（今安徽寿县）去配合作战。

双方的力量对比是十分悬殊的，将领们都心神不安。谢玄去向谢安请示作战方略，谢安只轻描淡写地说："我自有安排。"谢玄心里想，谢安也许还会嘱咐些什么话。等了老半天，谢安还是不开腔。

谢玄回到家里，心里总不大踏实，隔了一天，又请他的朋友张玄去看谢安，托他向谢安探问一下。谢安一见到张玄，也不跟他谈什么军事，马上邀请他到他山里的一座别墅去。到了那里，张玄看见许多名士已经先到了。张玄要想问，也没有机会。谢安请张玄陪他一起下围棋，还跟张玄开玩笑，说要拿这座别墅做赌注，比一个输赢。张玄是个好棋手，平常跟谢安下棋，他总是赢的。但是，这一天，张玄根本没心思下棋，勉强应付，当然输了。下完了棋，谢安又请大伙儿一起赏玩山景，整整游玩了一天，到天黑才回家。这天晚上，他把谢石、谢玄等将领都召集到自己家里，把每个人的任务一件件、一桩桩交代得很清楚。大家看到谢安这样镇定自若，也增强了信心，高高兴兴地回到军营去了。

东晋大将桓冲在荆州听说京城危急，写信给谢安，表示要派三千精兵援助京师。谢安对派来的将士说："我这儿已经安排好了，你们还是回去加强西面的防守吧！"

将士回到荆州告诉桓冲，桓冲很担心。他对将士说："谢公的气度确实叫人钦佩，但是他不懂得打仗。眼看敌人就要到了，他还那样悠闲自在，兵力那么少，又派一些没经验的年轻人去指挥。我看我们准要遭

难了。"可是结果并不像桓冲担心的那样，当晋军在淝水之战中大败前秦的捷报送到时，谢安正在府上与客人下棋。他看完捷报，便放在座位旁，不动声色地继续下棋。客人问他什么事？谢安淡淡地说："没什么，孩子们已经打败敌人了。"直到下完了棋，客人告辞以后，谢安才抑制不住心头的喜悦，舞跃入室，把木屐的屐齿都碰断了。

大敌当前，谢安仍然能和朋友从容不迫地下棋对弈。这种镇定的功夫，不是我们轻易就能学得到的。如同三国鼎立时的诸葛孔明，"胸中自有百万兵"，空城操琴，疑走魏军潮汐之众；也像粗中有细的张翼德，当阳立马横戈，三声猛喝，惊退曹兵百万。如此气概与胆略，确非朝夕之功即可得，而是成竹在胸、运筹帷幄所使然啊！因此，从一定意义上讲，冷静理智是一种胆识，更是一种心理谋略。

心灵悄悄话

古往今来，许多事实莫不雄辩地证明了这一点。理智型性格的人之所以能取得成功，其原因是内在心理机制与相关素质的外在体现，于镇静中思索谋事，能够剔除因惊慌失控的心理影响而导致的对策失误；反之，则抑制思维机变的能力，使决策结果带有偏颇和不彻底性。同时，冷静理智可以稳定自己，威慑对手，使对方对你产生敬畏、疑虑，甚至恐惧的心理，达到在心理上压倒对手，从而使之未战先衰或不战而屈的目的。

尊重别人等于尊重自己

尊敬是靠自己赢得的，不是靠别人给的。

然而，在现代社会里，很多人没有明白"对人恭敬，就是尊重你自己"这句话所蕴藏的深刻道理。

他们一方面希望获得周围人的尊重、爱戴，另一方面却用自己手中的权势去打压、排挤那些威胁到自己地位、利益的人，或者是散布流言蜚语去中伤别人。

其实，要想获得别人的尊敬，只有先弯下腰，恭敬地对待他人，才能获得他人真心的爱戴。下面这个小故事讲的就是这个道理。

古代，有一位姓徐的官员被朝廷派到杭州为官。有一天，他管辖的地区有一位姓张的小吏到他家来拜访。

他便用接待宾客的礼节请小吏就座。恰好有个书吏从外面进来，见到这种场面便慌忙避开。

等到客人走后，书吏进来对这位姓徐的官员说："姓张的那个小吏是你的下属，受你这么体面的接待，是不是有些过分了？"

没想到这位官员说："在公府，有地位高低的区别；而在家里，只应有主客之分。我们这些身居要职的人，只要做到清正廉洁，那么下属自然会敬服，何必用威势和骄横来压制他们，以此来树立自己的尊严呢？"

显然，这位姓徐的官员的做法是值得大家去学习的。他在恭敬地对

待下属的同时，也为自己赢得了尊重。正如《圣经》中耶稣说的："你愿别人怎么待你，你们就应怎么对待别人。"

如果不用自身良好的品行去赢得尊重，而想用辱骂、讥讽等方式来赢得他人的恭敬是不可能的。

这样的人最终不但不会获得他人的尊重，还有可能因为自己的狂傲而受到伤害。

美国总统林肯就是这样一个值得我们学习的人。

林肯年轻的时候，住在印第安纳州的鸽湾谷，那时他喜欢评论是非，还常常写信和诗来讽刺别人。他常把写好的信扔到乡间路上，使被讽刺的对象能拾到。后来，林肯在伊利诺伊州春田镇做了见习律师，但这一毛病仍没有改掉。

1842 年秋，林肯又在报上写了一封匿名信讽刺当时的一位自视甚高的政客詹姆士·席尔斯，被全镇引为笑料。

席尔斯愤怒不已，在他查出写信者就是林肯之后，就立刻骑马找到林肯，下战书要求决斗。林肯并不喜欢决斗，但被逼无奈只好接受挑战。他选择骑兵的腰刀作为武器，并同一位西点军校毕业生学习剑术，准备到决斗那一天决一死战，幸亏这场决斗最后被人阻止了。

这一次经历使林肯认识到了自己的缺点，这也成为他一生中最深刻的一次教训。从这件事之后，林肯学会了与人相处的艺术，他再也不写信骂人、任意嘲弄人或为某事指责人了。此刻的他深刻地明白了一个自尊心受到伤害的人会有怎样可怕的举动。

南北战争的时候，林肯新任命的将军在战争中一次又一次地惨败，使林肯很失望。全国有半数以上的人都在骂这些将军，但林肯没吭一声。他常说的一句话是："不要批评别人，别人才不会批评你。"

当林肯的夫人和其他人对南方战士有所非议的时候，林肯总是回答说："不要批评他们，如果我处在同样情况下，也会跟他们一样的。"

任何时候都要顾及别人的自尊心，这就是林肯善于与人相处的秘诀，也是他成大事之道。在生活中，我们不仅要在态度上尊重别人，也要从心理上尊重别人的想法，做出尊重别人的事，只有这样，你才能赢得别人的尊重，使自己少产生一些愤怒与烦恼。

心灵悄悄话

要想获得他人的尊重，我们首先要去尊重他人。当我们恭敬地对待身边的每一个人时，也能获得他们的尊重。文学家爱默生曾说："宁可让人待己不公，也不可自己非礼待人。"的确，无论对谁，无论权势显赫还是身份卑微，我们都没有权利去轻视他人。

方圆大师，成功励志祖师

　　曾国藩是方圆性格的典型代表，他的一生成就得益于其方圆运筹，使他处江湖之远深得民心，居庙堂之高深得君意。

　　曾国藩是中国历史上最后一位学者兼"贤相"的典型，他一生福禄寿禧都占全，是最后一个能够体现"当帝王师，做圣人相"这种方圆性格的人。

　　一般来说，在中国传统的观念中，做官实惠，成名可以不朽，如果能把二者集于一身，那就是名利双收！

　　公元 1851 年，中国历史上最后一次大规模的农民起义在广西金田村爆发了。在洪秀全的领导下，太平天国起义军像一股滚滚的洪流，以不可阻挡之势向北推进，仅用了两年的时间，就攻克了南方重镇江宁（南京），并改名天京，定为国都。清政府的军队可谓是一触即溃。在这种情况下，曾国藩训练的湘军应时而出。与清朝的八旗绿营兵相比，这支由寺方团链组成的武装队伍具有很强的战斗力。

　　在与太平天国的交战中，湘军最初也是连战连败。羞愤交加的曾国藩曾两次投水自尽，后被部下救起。其实曾国藩两次投水，都不过是做做样子，并非真想死，只是为了收拢人心。其方圆性格可见一斑。

　　咸丰十一年（1861 年）8 月，曾国藩受命为两江总督，有了更大的指挥权，加上英国"常胜军"的支持，清政府连连告捷，同治三年（1864 年）6 月 3 日，洪秀全在绝望中死去。自此以后，太平军士气大落，而湘军则是越战越勇，最终完成了剿杀太平军的使命。

　　在围剿太平军的过程中，曾国藩虽然忠心耿耿，还是屡遭疑忌。在第一次攻陷武汉之后，捷报传到北京，咸丰帝大为高兴，赞扬了曾国藩几句，但咸丰身边的近臣却说："如此一个白面书生，竟能一呼百应，并不一定是国家之福。"咸丰听了，默然不语。

曾国藩也知会遭人疑忌，便借回家守父丧之机，带着两个弟弟（也是湘军重要将领）回家，辞去一切军事职务。这也是曾国藩的"方圆"。

曾国藩急流勇退的方式进一步获得了清廷的信任，取得了大权。在进攻太平军胜利以后，他仍然小心翼翼。由于曾国藩的湘军抢劫吞没了很多太平军的财物，使得"金银如海、百货充盈"的天京人财两空，朝野官员议论纷纷，左宗棠等人还上书弹劾。曾国藩既不想退出财物，也不能退出财物，在进京之后，忙做了四件事：一、怕权大压主而交出了一部分权力；二、怕湘军太多引起疑忌而裁减了4万湘军；三、怕清廷怀疑南京的防务而建造旗兵营房，请旗兵驻防南京，并发全饷；四、盖贡院，提拔江南士人。

这四策一出，朝廷上下果然交口称誉，再加上他有大功，清廷也不好再追究什么，反而显示出了他的恭谨态度，更加取得了清廷的信任，清廷又赏以太子太保头衔，赏双眼花翎，赐为一等侯爵，子孙相袭，代代不绝。至此，曾国藩荣宠一时，光宗耀祖。

在金陵攻克后，朝廷确实对曾国藩有了防范之心，倘若曾国藩没改变自己的性格，仍按照以前的性格办事，会落个年羹尧一样的下场。因此说，曾国藩的确因方圆性格而成功以致成为今人推崇的对象。

曾国藩一生历尽周折，最终走出湘江大地，成为名臣。他得心应手地驾驭着各种权力，深藏不露，随机应变，最终取得了成功。

曾国藩的方圆性格还体现在对待朋友上，他和左宗棠的交往，不能不让人叹服。曾国藩为人拙诚，语言迟讷，而左宗棠恃才傲物，语言尖锐，锋芒毕露。有一次，曾幽默地对左说："季子才高，与吾意见常相左。"把"左季高"三字巧妙地嵌了进去。左也绝不示弱："藩侯当国，问他经济又何曾！"语甚鄙夷。这里曾国藩言语比较温和，既抓住了左

宗棠的个性特点，又指出了彼此的矛盾，但对此不发表任何议论。而左宗棠的言语，明显过于尖刻，且盛气凌人，大有不把曾国藩放在眼里、不可一世之态。由于性格差异，左、曾二人的关系曾一度紧张。如果不是曾国藩采取以德报怨的态度，用柔和的心态包容刚硬耿直的左宗棠，大清历史上的两位儒将，势必会交恶相争，影响大清江山的稳固。

特别能显示出曾国藩宽柔性格的，是咸丰十年其对左宗棠的举荐。当时左宗棠因性格耿直，口无遮拦，遭人弹劾，处境艰难。左宗棠来曾国藩处暂避锋芒，曾国藩热情地接待了他，并连日与他商谈。曾国藩上奏说："左宗棠刚强英明，吃苦耐劳，通晓军机。现在正需用人之际，或饬令他为湖南团防，或选拔做藩司臬司等官，让他管理地方，使能安心任事，定能感激涕零，报效朝廷，有益于时局。"曾国藩在左宗棠极其潦倒的时候，伸出了援助之手。三年之中，左宗棠从一个被人诬告、走投无路的士子，一跃而为疆吏大臣，这样一日千里的仕途，固然出于他的才能与战功，而如此保举，也只有曾国藩才能做到。这件事充分表现了曾国藩性格的方圆。

心灵悄悄话

> 曾国藩曾写过一副对联："养活一团春意思，撑起两根穷骨头。"也是刚柔、方圆兼济。正是这种性格使他游刃于天地之间。值得一提的是，曾国藩刚柔、方圆兼济的个性不是天生的，而是经过读书实践锤炼而得。正如他自己所说："人之气质，由于天生，本难改变，唯读书可以改变。"

仇恨别人是徒增自己的痛苦

仇恨是一枚威力强大的定时炸弹，谁把它携在身上，放在心上，到头来难免自食其果。

艾略特说："仇恨就像一把火，会烧尽一切。"

如果你仇恨别人，犹如你放弃轻松愉快的生活，将自己推向苦海。

仇恨往往令人变得心胸狭窄、爱心渐退，最后连自己也失去了爱。

仇恨让人的面目日渐可憎。

仇恨让人众叛亲离，生活变得孤单寂寞。

一个心中充满仇恨的人，只会把快乐永远拒之门外。

20 世纪，美国建筑大王凯迪的女儿和飞机大王克拉奇的儿子，在两家父母的撮合下，彼此有了情分。但两个人的交往并不顺利，总是磕磕绊绊的，争吵时有发生。

两家人都是社会上的名流巨富，儿女们的这种关系，让他们大伤脑筋。

他们甚至担心，会不会发生什么不测。谁想，担心什么就有什么，令他们震惊的事还是发生了，凯迪的女儿竟然被克拉奇的儿子毒死了。

克拉奇的儿子小克拉奇因一级谋杀罪被关进大牢，两家人的身心因此受到沉重的打击。

从此两家人的生活变得暗无天日。克拉奇的儿子在事实面前却拒不承认自己的罪行，这使凯迪一家非常气愤。而克拉奇一家也在拼命为儿子奔走上诉。

如此一来，两家人便结下了深仇大恨。

一年以后，法院做出终审，小克拉奇投毒谋杀的罪名成立，被判终身监禁。克拉奇为了能让儿子在今后得到减刑，也为了消除儿子的罪恶，拐弯抹角不断以重金补偿凯迪一家，以便凯迪能不时地到狱中为儿子说情。克拉奇每一次的补偿都是巧妙地出现在生意场上，这使得凯迪不得不被动接受。

而凯迪每得到克拉奇家族的一笔补偿，就像是接过一把刺向自己内心的刀，悲痛难言。凯迪埋怨自己，也埋怨女儿当初怎么就看错了人。而克拉奇的全家更是年年月月天天生活在自责中，他们怨恨没有教育好自己的儿子。

两家人都是美国企业界中的辉煌人物，然而生活却如此捉弄他们，让他们不得安生。

一年又一年，两家人的心情被巨大的阴影所笼罩，从来没有真正地笑过。他们承认，这些年为此所付出的心理代价是用任何金钱也换不来的。

谁想，20年过去了，一件极为偶然的事件使事情全都变了样，一名被判投毒的嫌疑犯一再上诉，不承认自己给人投毒。这时医学已经有了很大的发展，经过多次化验，发现死者原来是因为服用了一种罕见的药物而中毒，与所谓的凶杀毫无关系。

这和20年前克拉奇儿子谋杀凯迪女儿的事件一模一样，原来也是一个误判。20年后，克拉奇的儿子被释放出狱。但是整整20年，凯迪与克拉奇两家人却因为这件事，彼此仇恨，他们成了这个世界上受伤最大又最不幸的人。

事实证明，凯迪女儿的死，并不涉及善恶情仇。这件事情轰动了美国媒体，面对报社的采访，凯迪与克拉奇两家都说了同样的话："20年来，我们付不起的是我们已经付出的又无法弥补的心态。"

人生漫漫，当事情过去，当经历的已经经历，人们便会发现，我们身在其中的苦，我们所饱尝的种种滋味，正是我们曾经所付出的一种又一种心态。"我们付不起的是心态。"这是克拉奇与凯迪两家人，在经

过 20 年的体验后所总结出来的一句至理名言。人生在世，我们常常付不起的，正是生活中某类事件对我们心态所形成的那种漫长主宰。正是这种心态，改变甚至毁灭了许多人的生活。

希腊神话故事中的巨人海格力斯走在路上，有一个小东西蜷缩着躺在路边，像是一只刺猬。海格力斯用脚后跟踩它，想把它踩碎，可是，它在他眼前胀大起来了，足足大了一倍。海格力斯生气了，他拿起一根结实的棍子，一棍又一棍地打那奇怪的东西。但打来打去，只不过使它的外貌变得更加可怕。它膨胀又膨胀，竟变成庞然大物，几乎挡住了阳光，而且堵住了唯一的道路。看到这一幕，巨人海格力斯惊惶失措，怔怔地立在那里！

这时，智慧女神雅典娜出现在他的身边。她说："把这没希望的事丢开吧，你无法制服这个可恶的东西。这怪物的名字叫仇恨袋，里面装满了仇恨。你不理睬它，它也许还不会长大，如果你要把它打个粉碎，那就很糟糕了。你越打它，它就越膨胀得可怕，它甚至能把天遮黑。"

仇恨之所以可怕，正在于此。智慧女神告诫海格力斯的一番话，对于你是否也是一个很好的提醒呢？是的，我们还是把"仇恨"这个没有希望的东西尽快丢开吧！不然，它会遮蔽我们生活的天空，让我们生活在黑暗中。

仇恨有时会令人失去理智，现实生活中发生的许多悲剧是由仇恨引发的。仇恨是一枚威力强大的定时炸弹，谁把它携在身上，放在心上，到头来都难免会自食其果。仇恨能蒙蔽一个人的眼睛，使他只看到生活中的黑暗与丑陋。彼此含恨在心，等于同归于尽，以致大家的心永远也得不到安宁。

吴稼祥说："大气来自静气，不能静的人不能大。被踩了一脚，听到一声对不起，这是人踩的；被踩了一脚，听不到什么，还看见一张恶狠狠的脸，这是驴踩的。于是我们大怒。其实，被驴踩了一脚，有什么可怒的？我们的大多数愤怒来源于把不是人的东西当人看。生活当中，

有许多这样不是人的东西。其实，我们在某些时候更需要静气，面对是非不愠不怒。只要我们稍加克制，就会兜去许多困扰，从而也就免除了内心的愤恨和仇视，自然也就有了大气。"

愤怒——不会作天莫作天

心灵悄悄话

的确如此，当你感到愤恨之时，抬起头来仰视美妙的星空，感受一阵清风明月的怡然，恨意会随之减弱甚至消逝。

切记：一个能放得下仇恨的人，才会快乐！

164

别把个人的得失放在第一位

我宁肯忘掉亏欠自己的而不愿忘掉亏欠别人的。

要想成为一个处世高手，必须赢得好的声望。而赢得好的声望，就必须在一些小事上不过分计较得失，在某些事情上，别把个人恩怨放在第一位。

唐初玄武门事变后，秦王府将领中有些人主张乘胜杀尽由李建成、李元吉所组建的宫府集团的党羽，并"籍没其家"，许多人还四处搜寻宫府集团的成员和兵勇，争相捕杀邀功，使得宫府集团的人惶惶不安。

很多人以为，李世民会把李建成、李元吉及其党羽赶尽杀绝。但是，李世民却采取了相反的方法，他以安抚为主，在禁止秦府人员滥捕滥杀的同时，还以唐高祖的名义诏赦天下。对于一些不敢出面的宫府集团的成员，李世民几次遣使"谕之"，用一片诚意解除了他们的心结。

李世民的大度让宫府集团的人放下了武器，自动向朝廷投诚，并开始转而效忠李世民。在这些人中，最有名的就是魏征、韦挺等人，他们最后都成了权重一时的大臣。当时，魏征几次劝太子李建成及早除掉李世民，玄武门事变后，太子党人士纷纷逃亡，魏征却成了李世民旗下的谋士，占据举足轻重的地位。李世民当众问魏征："你为什么离间我们兄弟？"

在场的官员都为魏征提心吊胆，而魏征却从容不迫地回答："如果太子早听我的话，就不会有今天的祸患了。"

对魏征桀骜不驯的回答，李世民不但没有生气，反而赞扬了他的忠

诚坦荡，对他更加器重，并封他为主簿，后改任谏议大夫，步步升迁。

有一次，李世民在九成宫宴请近臣，有的人臣提出："魏征等人以前是李建成的亲信，我们看到他们就像看到仇人，实在不愿意和他们共聚一堂。"

李世民说："魏征等人过去确实是我的仇人，但他们能为当时的主人尽力做事，这并没有什么不对，桀犬吠尧，各为其主，这是可以原谅的。我提拔重用他们，就是看中了他们的这种态度。况且他们已处于皮之不存，毛将焉附的地位，只要我能以诚待之，他们也一定会以诚相报的。"

事实的确如李世民所言，魏征等人后来为唐朝可谓鞠躬尽瘁，奉献了所有的心力。可见，一个君王若以大局为重，不把私人恩怨放在第一位，是能够赢得天下、赢得人心的。

《菜根谭》中，教人处世的品格之一便是宽容他人。只有宽容别人，不计较个人的得失，方能与之建立起良好的关系；宽容他人的过错，就会赢得朋友、赢得别人的佩服与尊敬。因为宽容别人可以消除彼此之间的怨恨，原谅他人的错误可以创造一个宽松的工作环境。

我国历史上，有很多宽容他人、不把个人得失放在第一位的人。蔺相如位居人上，廉颇不服，屡次挑衅，但蔺相如仍以国家利益为上，以社稷为重，处处忍让。三国时期的蒋琬，身为尚书令，找一个部下谈话，那人不理他，他不计较；下属在背后说他的坏话，认为他办事不行，不如前人，当有人向他告发时，他也毫不介意，还说："他说得对，我确实不如前人。"

"西安事变"发生后，很多人都主张处死蒋介石。此时，可以说杀蒋介石易如反掌。可国难当头，为了国家与民族的利益，周恩来亲赴西安，劝说张学良、杨虎城释放蒋介石，以促成共同抗日。

宋代的欧阳修在朝中担任要职时，曾举荐王安石、吕公著、司马光三人当宰相，而这三人对欧阳修都很不敬。欧阳修因为欣赏王安石的才华，曾赠诗与王安石，希望他在政治、文学上能取得超一流的成就。而王安石却没把他放在眼里，还回赠诗曰："他日若能窥孟子，终身何敢望韩公。"给欧阳修吃了一个闭门羹。吕公著是前朝宰相吕夷简的儿子，他们父子二人都曾攻击过欧阳修，欧阳修被贬官滁州，就因为他们父子从中推波助澜。司马光还当面顶撞、指责过欧阳修。但是欧阳修觉得此三人有才学、有能力胜任宰相一职，认为他们能为国家做一些事情，因此以如海之度量举荐了这三个人。

这些人，如果没有为社稷着想、以国事为重的观念，怎能如此外举不避"仇"？因此，他们宽广的胸怀为后人所称道。

心灵悄悄话

对你不公的事常有，对你不敬的人也常有。有些人有很多缺点，也可能让你损失一些利益，这非常正常。所以，我们应该选择包容。面对不公、不敬，如果仍然能以大局为重，不计较个人得失，就会赢得人们永远的尊重与敬仰，也能有一番大的作为。

第六篇 好脾气与好运气分不开

适当的忍耐胜过失控的愤怒

我们生活的世界，只要有人在的地方，就会有争吵的存在，因此无时无刻都需要我们学会忍耐。

因为，懂得忍耐往往比无谓的愤怒要收获得更多。只有学会忍耐，才不会因小失大，才会把人际关系处理得更加融洽，也能使愤怒得到有效的控制。

一个人在愤怒的时候，不能忍耐，就会说出一些伤人伤己的话，还可能造成一些一辈子都不可能修复的伤痕。

事实上，学会在愤怒时忍耐，就不会因为乱发脾气而造成对别人的伤害，为自己招来麻烦，甚至是祸害。而在愤怒时学会忍耐就会有好命运，就如清朝的雍正皇帝。

雍正是康熙皇帝的四子，幼时体弱多病。为了让雍正能够健康成长，康熙听从了一位西藏喇嘛的建议，让四阿哥出家当和尚，以避祸害。

就这样，四阿哥成了一名和尚。在空旷的寺院里，他修身养性，学会了如何去忍耐世间的万事万物，如何去看待人间的种种变化。在这里，不仅有清静的环境，有佛家经典参禅，更有一批高深佛学大师的指点，于是他参悟了许多世间的道理。

一位大师曾经告诉雍正："一个人成功是要付出非凡的代价的，忍耐再忍耐，千里之堤溃于蚁穴，小不忍则乱大谋，望你从佛家真谛中领悟到做人的道理。依老衲所观，你一生有四劫，隐忍则可逢凶化吉，有惊无险；虚张则会惹火烧身，甚至死于非命。"

随着年岁的渐长，雍正明白了一个道理：他是皇子，是四阿哥，有如此尊贵的身份，有如此大的荣耀，有傲视众臣的特权，而不必在佛门苦守清修。于是他希望当上皇太子，因为皇太子不仅有非常大的权力，而且将来还可以做皇帝，统管江山和天下百姓。而他现在只是一个和尚，这就意味着他失去了这一切，更不用说去继承皇位，一统天下了。

当四阿哥明白这一切的时候，他就强烈地想跳出佛门，脱离佛海，去争取属于他自己的东西。

然而，世间尤其是皇宫并不像四阿哥想象得那么太平、美好。因为他是下等宫女所生，即使后来被皇后收养，也没有给他带来多人的好处或者是荣耀。而且他当过和尚，在皇宫里经常受到众阿哥的欺负和责骂。

一次在顾八代老师的课上，四阿哥顺利地背出了李斯的《谏逐客书》，深得顾八代的赞赏，却引起了大阿哥和太子的嫉妒。于是大阿哥胤禔走到四阿哥跟前，摸摸他光光的脑门，嘲笑道："嗯，看不出宫女养出的小子倒挺机灵的，不过，这小脑瓜儿长得还真像个大冬瓜。如果把这些毛全刮去，那才是地地道道的和尚呢！"

而皇太子胤礽更是出言不逊："就是，天生的和尚胚子，背什么圣人诗书、儒家经典，赶快回到寺庙念阿弥陀佛吧！治国经典、安世之道背得再多也没有用，将来皇阿玛的位子也轮不到你坐，我的位子是谁也夺不去的，还是老老实实当你的四和尚，别痴心妄想了，死了这条心吧。不然，将来我当上皇上，连寺庙也不让你进，把你赶到五台山去念经，一辈子休想回皇宫。"

面对大阿哥和皇太子的侮辱，雍正没有生气，因为他懂得唯有克制自己，才不会遭来更大的打击和更多的辱骂，而在阿哥和皇太子见其一再沉默、忍让，以为四阿哥软弱可欺，便不再把他放在眼里。于是，雍正借此积蓄了自己的力量，日后登上了皇帝的宝座。

试想一下，假如当初面对兄弟们的侮辱，雍正选择了愤怒，选择了反抗，那就有可能招来更多的打击，他的帝王之路将更加艰难曲折。由此不难看出，四阿哥登上皇位固然是大势所趋，但他的忍耐性也起到了至关重要的作用。

心灵悄悄话

不能忍耐，既是性格缺陷使然，更是修养不够所致；忍耐是一种美德，更是人们安身立命绝好的"护身符"。所以说，当你在愤怒时，学会控制自己的脾气，学会忍耐，就会拥有好心情，为你带来好命运。

请记得时刻微笑

当生活像一首歌那样轻快流畅时，笑颜常开乃易事；而在一切事都不妙时仍能微笑的人，才能活得有价值。

微笑对人的力量是不可思议的，它能在关键时刻拉人一把，如果你这样做，你将拥有好的人缘，并会让你受益一生。

早晨起床，微笑，并立刻说："这一天多美好啊！我对这一天没有任何不快乐的权利！"那么，这天无论是下雨、阴天或其他天气，对你而言都不要紧了。如果要让你身边的人喜欢你，最好的方法就是时刻保持微笑。因为，微笑的人总是占上风，给别人带来好心情的时候，也给自己带来好运气。

戴维是一名心理医生，他在纽约开了一家心理诊所。

一次，一位女性预约了星期三上午9点来戴维的诊所接受治疗。可是那天戴维在上班的路上，车子出了点儿毛病。等他赶到诊所时，已超过了约定的时间10分钟。

那位女性见戴维进来，满脸不高兴。她怒气冲冲地说："已经是9点过10分了，我们约的是9点，我是个很守时的人。"

"我也总是很守时的。我希望你谅解，今天我实在没办法。"戴维微笑着说。

但是，那位女性却没有心情去笑，她单刀直入地说："我有一个非常重要的问题要问你，我想得到一个答案，我希望你能给我一个答案。"紧接着，她对戴维大声说道："我很坦率地告诉你，我想结婚。"

"哦，这个要求再普通不过了，"戴维回答说，"我很愿意帮助你！"

"我想知道我为什么不能结婚，"她继续说，"每一次我与一个男性交朋友的时候，我知道接下来的事情就是他开始在我心中黯然失色，一次次机会就这样错过了。而且，我年纪也不小了。我把我的问题直截了当地告诉你。请你告诉我，为什么我不能结婚？"

戴维打量了她一下，想看看她是不是那种说话不需要拐弯抹角的人，因为，如果真想解决她的问题，有些话他不得不说。最后，戴维认为她的器量是比较大的，她也能够改变自己性格上的缺陷。

因此，戴维说："好吧，现在我们来分析一下情况。很显然，你的精神状况良好，而且你的性格也不错。可以说，你是一个非常漂亮的女孩。"

所有这一切都是事实，戴维尽可能地肯定了她各方面的优点。不过，他接下来说："我认为我已经找到了你的弱点，它就是我上面提到的一点。在我们的约会中我迟到了 10 分钟，你就这样指责我，你对我的要求可以说是非常苛刻的。如果别人犯了严重错误，你会采取什么态度，我就可想而知了。我想，要是你总是这样严厉地要求一个男人，并且是你的丈夫，那么他的日子就会过得十分艰难。事实上，即使你结婚了，如果你总是这样去支配你的丈夫，那么，你的婚姻生活是不会令人满意的。爱情不会在你这样的支配下存在下去。"

接下来，戴维又说："你紧咬牙关，表明了你想支配别人的态度。或许我可以告诉你，一般的男人都不喜欢被人支配，至少他心理上是这样想的。如果你不是老嘬嘴，我想你是非常迷人的。你应该温柔一点，体贴一点，多对人微笑，那么你不嘬嘴的芳容就显得温柔可爱了。"

戴维知道说这些话令人挺尴尬的，但是那位女性的性情很好，而且她大声笑了起来。

她说："你说的话确实有点难听，不过我知道该怎么办了。"

许多年过去了，戴维也忘记了她。

有一天，戴维在某个城市做完演讲后，一位十分可爱的女人和一位十分英俊的男人带着一个 5 岁左右的小孩朝他走来。

这位女性微笑着问他："你看怎么样？"

戴维觉得很奇怪，说："不错，的确很好，但你为什么这样问呢？"

"难道你不认识我了吗？"她问。

"我一生中见过的人实在太多，"戴维回答，"坦率地说，我不认识你。我想以前我们没有见过面。"

这位女士于是用很多年以前戴维说过的那些话来提醒他。

"给你介绍一下我的丈夫和我的儿子。你对我说的那些话完全是对的！"她显得非常激动，"当时我去找你的时候，我非常沮丧，非常不高兴，那种情形是你不能想象的，不过我还是按照你所说的原则去实践了。这些原则很管用，我付出的努力都得到了回报。"

"玛丽是世界上最可爱的人，因为她温柔、体贴，并时常保持迷人的微笑。"她丈夫接着说道。

这个女人在改变了自己后，解决了当初的烦恼，并建立了一个幸福的家庭。这便是微笑的力量。所以说，微笑是对一个人最好的肯定与鼓励，它能消灭怒火，抵制悲伤，让生活变得美好起来。

心灵悄悄话

微笑，是人类最基本的动作。它似蓓蕾初绽，植根于美好的心灵，洋溢着感人肺腑的芳香；它让人告别寒冬，迎接春天的到来，也是对成功的嘉奖，对创伤的治疗。

学会宽容待人

　　宽容就像天上的细雨滋润着大地。它赐福于宽容的人，也赐福于被宽容的人。

　　人如果没有宽容之心，生命就会被无休止的报复和仇恨所支配。这是先人给我们的告诫。

　　唐朝大将军郭子仪，在平定"安史之乱"和抵御外族入侵中屡建奇功，却遭到了皇帝身边的红人、太监鱼朝恩的嫉恨。

　　郭子仪率兵在外征战，鱼朝恩竟暗地里派人挖毁了郭子仪父亲的墓穴，并挫骨扬灰。郭子仪领兵还朝，众人都以为会掀起一场腥风血雨，不料当代宗皇帝忐忑不安地提及此事时，郭子仪伏地大哭，说："臣带兵日久，不能禁阻今日他人挖先父之墓，这是天谴，不是人患。"于是，家仇的烈焰竟被他宽容的泪水熄灭了。

　　郭子仪手握兵权，在朝中日益得到皇帝的信任，鱼朝恩担心早晚会被郭子仪收拾，便想来个先下手为强。他在家中摆下"鸿门宴"，然后请郭子仪赴宴。鱼朝恩的险恶用心连郭子仪的下属都看得一清二楚，他们极力劝阻郭子仪不要去。郭子仪却淡淡一笑，不以为然，只便装轻从，带上几个家童从容赴宴。鱼朝恩见了惊讶不已。在得知实情后，阴毒无比的一代奸臣竟被感动得号啕大哭，从此以后，他不再以郭子仪为敌，反而处处维护他。

　　郭子仪"以德报怨"，用宽容感化了自己的"敌人"，也换来了"敌人"对其一生的维护。可见，宽容是一种美德，宽容待人，也给自

174

己赢得了尊重，而且还能化敌为友，让自己成功的道路可以更平坦。

如果一个人总是锱铢必较，不仅会遭人厌恶，有时还会招来怨恨，因此，常怀一颗宽容之心，就能消除与他人之间的矛盾与仇恨。

老山羊带着儿子去地里收白菜时，发现自己家的白菜已被别人偷走了许多。

"爸爸，这一定是野猪干的。你看，地上还有他的脚印呢。走，我们找它算账去。"小山羊说。

"算了，我想野猪一定是饿极了才这样做的。"老山羊拦住了儿子，淡淡地说。

几天后，老山羊带着儿子去地里挖土豆，又发现土豆地已被拱翻了一大片。很显然，野猪又偷走了一些土豆。

"爸爸，咱们不能再忍了。我们现在就去找野猪算账，他太过分了。"小山羊气愤地说。

"不，儿子。野猪也是有自尊心的。他如果不是家里有什么困难，是绝不会来偷土豆的。"

"爸爸，这只野猪可是懒得出了名的啊！他自己不劳动，就会靠小偷小摸混日子。"

"儿子，不要在背后说别人的坏话！我觉得野猪的本质并不坏，他一定会学好的。"

父子俩的对话恰好被躲在草丛中的野猪听到了，他惭愧地低下了头。

就在父子俩埋头干活的时候，一只饥饿的狼悄悄地溜到了土豆地里，想把山羊当成填饱肚子的美食。就在狼扑向小山羊的那一瞬间，野猪发现了狼。野猪跳了出来，勇敢地迎了上去。几个回合之后，狼败在了野猪的獠牙下，灰溜溜地逃走了。

"谢谢你救了我们的命！"老山羊带着儿子赶忙过来感谢野猪。

"不，说谢谢的应该是我。我一次又一次地偷你家的东西，可你们每次都原谅了我。是你们的宽容感动了我。"野猪说完，便卖力地帮老山羊拱起土豆来。

如果山羊一家开始就对野猪的偷盗行为采取报复行为，那么小山羊可能就会丧命在饿狼的口中了。所以说，宽容别人，也就是宽容自己，让我们多了一些选择，更使我们生命中多了一点儿空间，多了一些关爱和扶持。

西德尼·史密斯说："生活中有许多这样的场合，你打算用愤恨去实现的目标，完全可能由宽恕去实现。"的确，宽容能带来仁义，博得赞美。懂得宽容，才不会对无辜的伤害感到失望，才会用宽大的气量去感受相逢一笑泯恩仇的快乐。

每个人都会有不如意，每个人都会有失败，当你遇到了竭尽全力仍难以逾越的屏障，请别忘了，宽容是一片宽广的海洋，能包容一切，也能化解一切，会带着你跟随着它一起浩浩荡荡地向前奔涌。

心灵悄悄话

的确，世界上最需要的便是一颗宽容之心。对于令人愤怒的事情，我们要学会宽容。因为宽容是做人的需要，也是处世的需要，即立身处世要有清浊并容的雅量。

常怀感恩之心

没有感恩就没有真正的美。

感恩节是美国一个最地道的法定假日。

在这一天，具有各种信仰和各种背景的美国人，共同为他们一年来所受到的上苍的恩典表示感谢，虔诚祈求上帝继续赐福。

我们的古人说："滴水之恩，当涌泉相报。"

因为，感恩是一种美德，学会了感恩才能学会做人，才能让自己的人生少一些阻碍！

有一位老板，生意做得很大，并且非常成功，赚了许多钱。为追求更多的利润，他对员工很严格，甚至很苛刻。

员工犯了错，他常常厉声责骂，丝毫不给员工留情面，因此公司里的员工都对他心存畏惧。

这位老板的母亲对儿子粗鲁的言行也略有耳闻，她一直想规劝儿子，但没有合适的时机。

有一次，当这位老板和家人用晚餐时，电话铃声突然响起。

这位老板在电话里大骂销售部经理办事不力，使公司销售额略有下滑。

当他怒气冲冲回到餐桌继续用餐时，他的母亲便对他说："你这样对待你的员工是不对的！你不要认为自己生意做得很大就了不起。你要知道，如果没有那些员工，你只不过是'垃圾堆里的老板'，你自己好

好想一想！"

老板听完母亲的话，一脸茫然，完全不知他母亲所说的"垃圾堆里的老板"是什么意思。

有一次，公司放假的时候，这位老板想到办公室去处理一些事情。他到了办公室，发觉办公室没有人清扫，显得有些零乱，和平日整洁明亮的情景大不相同。他想喝杯咖啡，却发觉自己连烧水用的水壶都不会使用。

过了一会儿，老板开始处理事情，但是他找不到相关文件，也找不到档案；想发电子邮件给客户，也没有秘书帮他打字。结果忙了大半天，都没能顺利地完成一件事。

这时，他领悟了他母亲所说的"没有那些员工，你不过是'垃圾堆里的老板'"这句话的含义。

此时，这位老板才恍然大悟："原来我的生意之所以能够成功，都是用这些员工平日的辛苦换来的，并不是我一个人的功劳啊！没有了他们，我怎么会有今天的成就呢？我实在应该把他们看成我的恩人啊！"

这位老板自从体会到了这个道理之后，一改以往对待员工苛责、刻薄的态度，代之以对员工的鼓励、信任，并提高了员工的福利待遇。员工们感受到老板明显的改变后，都很惊讶。为了回报老板为他们所做的一切，大伙都更加努力工作。结果，公司的业绩又上了一层楼。

当然，在生活中不仅仅是老板要对员工感恩，更重要的是，我们应该对每个人都表示感恩，父母子女之间如此，同事之间如此，夫妻之间也应如此。

作为一个人，不要过多地奢求什么，不要过分地抱怨生活的不公、命运的不平、造物主捉弄人。相反，我们应该常怀一颗感恩的心，我们要感恩大自然，感恩父母兄弟，感恩师长爱人，感恩朋友路人，甚至感恩我们的仇家……总之，我们要感恩于这个世界上一切有生命和没有生命的事物。

愤怒
——不会作天莫作天

在生活中，只要机会出现了，你就应该把你的感恩之心表达出来。当你懂得感恩时，你就会获得好人缘，就会获得他人的帮助与支持。从此以后，你将会更加幸福。

心灵悄悄话

事实上，我们每个人每天的生活都在仰赖着他人的奉献，而我们却忘记了要感恩。但是，心怀感恩是维系人际关系的不二法门。既然我们知道人与人之间必然有所不同，就应该放下抱怨、苛责，心怀感激，对他人的付出有所回报，这样你的人际关系就会越来越好，而你自己也会从中受益更多。

面对批评，保持冷静

一个人从另一个人的诤言中所得来的光明比从他自己的理解力中所得来的光明更加纯粹。

每个人都有自尊，面对别人的批评，尤其是在很多人面前受到批评时，我们总是感到难堪、紧张，甚至丢掉自己的风度，在自我保护的意识下选择愤怒，用来防御别人。

但是，面对别人的批评时，我们要有客观评价自己的标准，要有自己的主心骨，否则将很难判断别人的批评是善意还是恶意，是正确还是错误。没有主见的人，在面对别人的批评时，常常会乱了方寸，不知所措。

晓在一次宴会中认识了一位男士，他们很合得来，分手的时候彼此交换了电话号码，答应保持联络。

回到家，晓给他打了电话，并留了言，但一个星期后她依然得不到回音。她把这事告诉了好友鸣，鸣嘲笑晓是个大傻瓜，说现在的男人到处拈花惹草，没有几个是可以信赖的。并告诫她，不要再胡思乱想了。

晓并不以为然，但又过了一个星期，她还是没收到回音，于是她便开始怀疑自己真的很笨，已经跟不上时代潮流了。

但是晓并没有就此罢休，她冷静地做了进一步的分析，认为这位男士并不像那种轻浮的人，自己也并不是一个大傻瓜。他没有回电话，也许是因为有事出去了，也许是因为忙得抽不开身来。过了一段时间，晓又给那位男士打了一次电话，他们终于联络上了。事实证明，晓的判断是正确的，后来他们俩的关系得到了进一步的发展，成了一对幸福的伴侣。

要是晓因别人的批评而放弃了、断了这个缘分，岂不是很可惜吗？所以说，面对别人的批评，无论是善意还是恶意，无论是委婉还是直接，无论是温和还是激烈，甚至恶毒，都需要认真分析，冷静思考，弄清楚对方的心态与动机，知晓批评者的真实目的与利益导向，而不是本能地愤怒、慌乱地抵抗、毫无目标地迎接挑战或委屈求全，更不需要绕开问题的焦点、设置路障、拦堵封锁等。

卡耐基先生曾多次讲到关于他的一个故事：

很多年以前，在我所办的成人教育班和示范教学会中，多了一个从纽约《太阳报》来的记者。他毫不给我留情面，不断攻击我。我当时真是气坏了，认为这是对我极大的侮辱。我不能容忍，马上打电话给《太阳报》执行委员会的主席古斯季塔雅，特别要求他刊登一篇文章，以说明事实真相，而不是这样嘲弄我。我当时就下决心要让犯错的人受到应得的处罚。

可现在，我还为当时的举动感到惭愧。如今我才了解，买那份报的人大概会有一半人不会看到那篇文章；看到的人里面又有一半会把它当作一件微不足道的事情来看；而真正注意到这篇文章的人里面，又有一半的人在几个礼拜后就把这件事忘得一干二净了。

卡耐基由此得出一个重要的结论：虽然你不能阻止别人对你作任何不公正的批评，但你可以做一件重要的事，你可以决定是否要让自己受到那些不公正批评的干扰。

美国总统罗斯福的夫人曾告诉别人她在白宫的行事原则：避免所有批评的唯一方法就是："只要做你心里认为是对的事——因为你反正是要受到批评的。做也受到批评，不做也受到批评。"

批评虽然让人难堪，但在现实生活中，人们正是通过他人的批评才能了解自己的过错，修正自己的行为。当别人诚心诚意地提出批评时，

自己如果不虚心接受，而盲目反驳，受到伤害的往往是自己。

虽然有的时候，别人对自己的批评并不一定是正确的，但他的用意却是善良的。这时，你应该对他的这种善良表示诚挚的谢意。这种有礼貌的行为往往被认为是知恩图报，从而赢得对方对自己的信任。

还有些人提出批评时不负责任，甚至就是在恶意攻击别人。

古人说："以铜为镜，可以正衣冠；以史为镜，可以知兴替；以人为镜，可以知得失。"面对批评，我们要有宽阔的胸怀、冷静思考，这样方能从容不迫，应付自如。

心灵悄悄话

面对恶意的批评，一定要保持冷静，因为对方的目的就是让你紧张，穷于应付，让你大失风度，扰乱你的情绪和思维。你只有保持冷静，才不至于中了对方的圈套。同时，冷静地分析对方的意图，常会让人获得意想不到的信息，从而反客为主。

凡事要给人留余地

一个不肯原谅别人的人就是不给自己留余地的人，须知每人都有犯过错而需要人原谅的时候。

古人曾说："凡事要留余地。"其意思就是指无论做什么，都要为对方留一点后退之路，不能够把他往绝路上逼。因为事情总是在不断发展变化的，谁也不能保证自己一辈子顺风顺水。你为对方留余地，也就是为自己留一条生路。如果做事太过分，没有分寸，只想着把对手往悬崖上逼，那么，先掉下悬崖的往往是你自己。

森林里，小动物们都和谐地生活在一起。某一天，狮子因为一点儿小事和小鹿吵起来了，因此，它对小鹿怀恨在心，暗暗发誓，要找机会除掉小鹿。

一天，小鹿在追赶一只蝴蝶，没有注意脚下的路，因此掉入一口井中。

井口离地面有两米多高。小鹿在井水里拼命扑腾着，想跳到地面上来。

狮子见了，几天前的怨恨涌上心头。它跑了过来，捡起一根木棍，趴在井边，使劲地捣井中的小鹿。由于生命的本能，小鹿在情急之中紧紧地抱住了木棍，想抓住木棍爬上来。

狮子大为恼火，它拼命往回抽木棍，想摆脱小鹿，哪知小鹿却死死抓住木棍不放。狮子急了，为了抽回木棍，它便把身子往前倾了倾，却没想到由于身体失去重心，它也一下子掉进了水井里。最后，狮子与小

鹿都淹死在井里了。

狮子就是因为没有容人之心，把仇恨放在了第一位，最后使自己掉进井里淹死了。所以，凡事不能把别人往死里逼，而应有一颗宽容之心，做到得饶人处且饶人。

春秋末期，庞涓和孙膑同为鬼谷子的学生，两个人在鬼谷子的指导之下，文韬武略无所不习，成为当时的奇才。但庞涓为人心浮气躁，在学艺未得大成之时，便急欲立功扬名，于是便下山投奔魏国。在魏国，魏惠王非常信任庞涓，便授封其为大将军。

不久，孙膑也学成下山。他德才兼备，智谋非凡，是个百世难遇的奇才。下山之初，因为没有根基，所以孙膑也前往魏国。

魏惠王得到消息，便征询庞涓的意见。庞涓心知自己略逊一筹，便说："孙膑是齐国人，我们如今正与齐国为敌，他若来了，恐怕有所不妥。"魏惠王说："如此说来，别国人就不能用了？"庞涓无奈，只得同意让孙膑前来。

孙膑来到魏国，一谈之下，魏惠王就知道孙膑更是将帅之才，就想拜他为副军师，协助庞涓行事。庞涓听了忙说："孙膑是我的兄长，才能又比我强，岂可做我的手下？不如先让他做个客卿，等他立了功，我再让位与他。"实际上，这是个计谋。庞涓这样做是为了不让孙膑与之争权，然后再伺机陷害，而孙膑还以为庞涓是一片真心，对他十分感激。

一天，一个齐国人捎来了孙膑的家书，大意是让他回家去。孙膑回了一封信，言称自己已在魏国做了客卿，不能随便走。凑巧的是，孙膑的回信竟被魏国人搜出来，呈给了魏惠王。

魏惠王见到信后，便问庞涓如何处置此事。庞涓一见机会来了，应答道："孙膑是大有才能之人，如果回到齐国，对魏国十分不利。我先去劝劝，如果他愿意留下，那就罢了；如果不愿意，那就交由我来处理。"魏惠王同意了。

庞涓当然没有劝孙膑，而是对他说："听说你收到一封家信，怎么不回去看看呢？"孙膑说："只怕不妥。"庞涓大包大揽，劝孙膑可放心探亲，孙膑颇为感动。第二天，便向魏惠王告假。

魏惠王一听孙膑要回乡，便称他私通齐国，命庞涓审问。庞涓故作惊讶，先放了孙膑，又装作向魏惠王求情。尔后，又神色慌张地向孙膑解释，他费了九牛二虎之力才保住了孙膑的性命，但黥刑和膑刑却不能免除。于是，孙膑脸上被刺字，膝盖被剔，终身残废。

后来，庞涓的阴谋被人揭破，孙膑装疯逃出魔掌。在马陵之战中，孙膑率兵打败了庞涓，庞涓死亡，庞涓终于为自己当初的所作所为付出了沉重的代价。

假如庞涓没有把孙膑往死里逼，他会有后来的悲惨结局吗？当然不会。因为孙膑对他一直心存感激。

心灵悄悄话

可见，一个人的最终结局与他为人处世的方法有很大的关系。如果懂得为别人留余地，在自己危难时，对方也会放你一马；如果平时喜欢把人往绝境上推，这样的人最后也不会落得好下场。所以，在生活中，我们做任何事都要给别人留有余地。

荣耀越高，头越要低

蠢材妄自尊大，他自鸣得意的正好是受人讥笑奚落的短处，而且往往把应该引为奇耻大辱的事大吹大擂。

在这个世界上，很少有人不喜欢荣誉的。但很多人不管获得了什么荣誉，也不管这荣誉是大是小，要做的第一件事就是炫耀，而忘了与之并肩战斗的同事，其结果往往是使自己独吞苦果。

很少有人不喜欢被鲜花包围、被掌声陶醉的，那些平日高高在上的领导者也有这样的念头。因此，身为员工的你，一旦有了抛头露面的机会，千万不要把领导晾在一边，不然，独自出风头，便是"自绝"于领导，等待你的往往是被辞退。

所以说，不管获得了什么荣誉，也不管这荣誉是大是小，我们不应该炫耀，而是应该保持谦虚，并和领导、同事、家人分享这种荣誉，正所谓荣耀越高，头要越低。

俗话说，有福同享，有难同当。在工作和事业上取得些成绩，小有成就，当然是值得庆贺的一件事情。但是，如果赢得的这一点成绩是集体的功劳，或者离不开他人的帮助，那你千万别把功劳据为己有，否则别人会觉得你好大喜功，抢占了他人的功劳。如果某项成绩的取得确实是你个人的努力，当然更值得高兴，同时你也会得到别人的祝贺。但你自己一定要明白，千万别高兴得过了头。一方面可能会伤害别人的自尊心；另一方面，现实社会中害"红眼病"的人不少，如果你过分欢喜，能不逼得人家眼红吗？

森先生很有能力，他是一家出版社的编辑，并担任下属的一个杂志的主编，平时在单位里他的人际关系很不错，而且他还很有才气，工作之余经常写点东西。

有一次，他主编的杂志在一次评选中获了大奖，他感到十分荣耀，逢人便提自己的努力与成就，同事们当然也都向他表示祝贺。但过了一段时间，他却失去了往日的笑容，他发现单位里的同事，包括他的上司和下属，似乎都在有意无意地和他过意不去，并回避着他。

森先生为什么会遇到这种结局？其实原因很简单，他犯了"独享荣誉"的错误。就事论事，这份杂志之所以能得奖，主编的贡献当然很大，但也离不开其他人的努力，理所当然，他们也应该分享这份荣誉。因为，你身边的人不会认为某个人才是唯一的功臣，都认为自己"没有功劳也有苦劳"。而这位主编却"独享荣誉"，当然会引起别人的不满，尤其是他的上司，更会因此而产生一种不安全感，害怕他功高盖主。

所以，当你在工作上有特别表现而受到别人肯定时，千万要记住别"吃独食"，否则这份荣耀会给你的人际关系带来障碍。因此，当你获得荣耀时，应该做到以下几点：

一、与人分享。即使是口头上的感谢也算是与他人分享，而且你也可以让更多的人和你一起分享，反正说几句话对你也没什么损失。当然，别人倒不是非得要分你一杯羹，但你主动与人分享，这让旁人觉得自己受到了尊重。如果你的荣耀实际上是由众人协力完成的，那你更不应该忘记这一点。另外，你可以采取多种与他人分享的方式，如请人家喝杯咖啡，或请人家吃一顿。别人分享了你的荣耀，就不会为难你了。

二、真诚地感谢他人。要感谢同人的协助，不要认为都是自己一个人的功劳，还要感谢上司，感谢他的提拔、指导。如果同人的协助有限，上司也不值得恭维，你的感谢也就更为必要，这样可以使你避免成为他人的箭靶子。

三、态度要谦卑。有些人一旦获得了荣耀，往往就容易忘乎所以，并从此自我膨胀。这种心情是可以理解的，但旁人就遭殃了，他们要忍受你的嚣张，却又不敢出声，因为你正处于春风得意之时。可是慢慢地，他们会在工作上有意无意地让你为难，让你碰钉子。因此，有了荣耀时，要更加谦虚。

心灵悄悄话

别独享荣耀，说穿了就是别去威胁别人的生存空间，因为你的荣耀会让别人产生一种不安全感。而当你获得荣誉时，你去感谢他人，与人分享，为人谦卑，这正好让他人吃下了一颗定心丸，这样就不会找你麻烦了。

第七篇

莫生气,笑看人生

被人看不起、被人欺负、不受尊重,这是任何人都会生气的事。但是,生气有用吗?没用。没用怎么办呢?笑一笑,泰然处之。学着将自己充实好,将不足的地方学习得更圆满,将专业知识更充实,下次再遇到相同的事情,别人欺负不来。如果只在原地埋怨而不去努力,那你将永远只有生气的分。生活中,有一些人为得到好的评价欢喜异常,为得到差的评价心烦意乱,这种态度是不正确的。如果别人说得中肯那还好,但如果别人说那些话不过是为了巴结或诋毁你,你再为之欢喜为之忧,倒霉的也只有你自己。

别人说就让他们说去吧

　　生活中，太在意别人的批评，不仅会越活越痛苦，还会失去自我，到最后甚至连人生的意义都将因此而游移、蒙尘，如果真走到这样的地步，自我变成别人嘴巴的奴隶，岂不可悲？

　　有一群青蛙在比赛，谁能爬上最高的铁塔。比赛开始了，一大群的青蛙看着那高大的铁塔议论纷纷："这太难了！我们绝对爬不到塔顶的……""塔太高了！我们不可能成功……"听到这儿，有些青蛙便放弃了。

　　看着那些仍然继续爬的青蛙，大家又继续说："这太难了！没有谁能爬上塔顶的……"就这样你一言我一语，越来越多的青蛙退出了比赛。但有一只却越爬越高，最后当其他的青蛙都无法再前进时，它却成为唯一到达顶点的选手。

　　其他的青蛙都想知道，它是怎么做到的？于是便跑上前去询问，才发现原来它是个聋子。嘴巴长在别人嘴上，但自己却要走属于自己的道路。在这个现实的社会里，即便是遭受旁人无情的冷落、批评、否定，甚至排挤，但这并不表示你就必须唉声叹气、自怨自悲，唯一能否定你的人，只有你自己。因此，绝不能因为别人的几句批评或冷言冷语，就难过痛苦，或者气得跳脚，因为那样只会对自己更没信心。别人说就让他们说去吧！

　　别人的嘴巴，永远不能帮你走过人生的路，无论是康庄坦途，还是崎岖小路，都只能自己走。在那当中，如果得到的是鼓励和支持，就要

永远感恩在心，并同样地去帮助别人；但若听到的是批评和闲语，也不要太难过，学学那只青蛙，奋勇直前，走好自己人生的路。

人生来就长着一张嘴，注定要说话；人生就一双眼睛和一个大脑，就注定要对别人评头论足。有的人的评论比较中肯和坦诚，有的人则不同，说得难听些"狗嘴里吐不出象牙"，专门对别人挑三捡四，把别人做的事说得一无事处。

当我们面对这两种截然不同的评价特点时，每个人所抱的态度自然不同。有的人一笑了之；有的人为好的评价而欢喜异常，为诋毁自己的评价而忧虑万分，为他们所说的话而生气。

我们管不了别人的嘴，但是我们可以改变自己，我们可以选择一个好的方法去面对别人的说法，那就是第一种态度：一笑了之。不管评价是好是坏，都不要太在意。对于中肯的评价，不妨听听也好，那毕竟是对自己过去的肯定，说明自己没有白干一场；至于诋毁的评价，也不要为此难过，更不值得你去为它生气。人有各种各样的，有的人天生爱嫉妒，这是你无论如何也改变不了的。既然改变不了，又何必去勉强，一笑了之，不要太在乎别人怎么说。

阮玲玉，一个优秀的演员，以她优秀的演技博得了千万人的青睐，从《女神》到《歌女红牡丹》，无不将她的风度和才华展现在观众的面前。可如此优秀的女子为何要在风华正茂之时选择离开这个美丽的世界，离开观众，结束自己的梦想呢？不过就是因为，人言可畏。从她的遗书中也不难找出缘由。

鲁迅先生叹惋，并点明：人言可畏！人类发展到如今，崇拜的偶像越来越多，流言蜚语也接踵而来，有多少人不被自己崇拜的大明星的绯闻所吸引呢？接着，悠悠众口，如何能叫人安静下来？

回首过去，最终成功的名人都能真正不顾别人的指指点点，走自己的路，继续自己的事业，最终推动了人类文明的进步。

生活中，有一些人为好评价欢喜异常，为差的评价心烦意乱，这种态度是不正确的。如果别人说得中肯那还好，但如果别人说那些话

不过是为了巴结或诋毁你，你再为之欢喜为之忧，倒霉的也只有你自己。

爱迪生在发明白炽灯泡的过程中，不知失败过多少回，别人都说："这小子疯了。"而爱迪生仿佛没听到一般，他仍然做他自己的事，最终成功了。人们又惊叹："太伟大了！"而爱迪生仿佛还是没有听到一样，他仍是平静地继续他的另一项发明。

爱迪生这种对待评价的态度是值得我们借鉴的。自己有自己对事物、对人生的看法，如果自己能够肯定并信任自己的看法，又何必去注意别人怎么说呢？人一生的时间本来就不多，若再把这不多的时间用在对付别人的评价上，就太不明智了。明智的行为是用自己的行动去改变现状，成功说到底是靠自己去做的。别人虽然可以看到你的成功，但却不能帮助你去做出成功。所以，别人怎么说并不重要，重要的是你怎么去面对。一个聪明的人不会在意他人的评价，别人说就让他说吧！只要自己做得对，又何必计较那么多呢？

杨澜给年轻人的忠告：不管是得意的时候还是悲观的时候，都要了解自己最需要什么；对自己想要的东西要明了，抓住自己的兴趣，做自己喜欢做的事。是的，路是自己走的，别人怎么说并不能决定我们的命运，最终决定权在自己手里。我们不能完全听从别人的说法，在适当的时候，恰到好处地运用，效果往往很好。当自己认定了一个目标，但一时间却不能被大家所接受时，完全可以理直气壮地说上一句："走自己的路，让别人去说吧！"给自己勇气，坚定自己的目标，勇敢地走下去。

每个人都是为自己而活，而不是为别人而活，我们没必要去在意别人的眼光。生活中，人们为了追逐时代的潮流，迎合社会的风尚，消减了个性，增添了共性，同化了人生的意义，丢掉了自己的梦。唯独你有自己的梦，坚持走自己的路。没有梦的人自然不会理解你的梦，更不会理解你的路。你既然不被理解，难免遭到诽议。尽管你需要理解和支持，遗憾的是，你被视为异端，得到的却是冷嘲热讽。这时你不用怕，

许多成功者最爱赞美的地方，往往是成功之前最受攻击的地方。例如，你思维独特，成功之前被认为是异想天开，甚至怀疑你精神不正常；成功之后呢，则被认为是奇思妙想，甚至怀疑你就是天才。不要为别人的冷嘲热讽而生气，用自己的实际行动去证明一切。

走自己要走的路才是对的，不要在乎别人对你的"语言打击"，傲笑风雨，拼搏奋进。经历了风风雨雨必然见到彩虹，赞誉纷纷来。面对这些不可留恋而驻足不前，春风得意马蹄疾，更应奋发向前，因为梦中那个风景独好的地方正等待着你，它是你追求的目标。

成功者不会在乎别人说什么，面对别人的说法，他们会选择一笑了之。哲学家安格拉底曾被人贬为让青年堕落的腐败者；贝多芬学拉小提琴时，他宁可拉他自己作的曲子，也不肯做技巧上的改善，他的老师说他绝不是个当作曲家的料；进化论的主人达尔文当年决定放弃行医时，遭到父亲的斥责，不干正事，整天打猎捉耗子，所有老师和长辈都认为他资质平庸，与聪明沾不上边……如果这些人被别人的评论所左右，还能取得举世瞩目的成绩吗？

有一个男孩从小就长得特别矮小，但是他有他的爱好，他非常喜爱篮球，几乎天天和同伴们在篮球场上挥汗如雨。当时，他就梦想有一天能雄赳赳气昂昂地打进著名的 NBA 篮球队，这是所有热爱篮球的少年最奢侈的梦想。他每次将自己的想法告诉同伴时，都会招来他们的哈哈大笑，笑声中充满了鄙夷和嘲讽。他们笑他不自量力，笑他异想天开，笑他想出名想疯了。一个身高只有1.6米的矬子也想进NBA，简直是白日做梦。但是，这个从小爱做梦的少年，经过自己艰苦卓绝的努力，不但打进了NBA，而且成为NBA历史上最杰出的后卫之一。他就是NBA有史以来破纪录的矬子博格斯。

身高仅1.6米的博格斯想打进NBA，也难怪别人会发笑。但博格斯不怕嘲笑，对于一切冷嘲热讽一概置之不理，不辩解也不怨艾，只凭着一种不达目的不罢休的意志和锲而不舍的顽强精神，实现了自己的梦想。

　　世界上有很多人，之所以终其一生也无所成，并不是他们没有成功的机会，也并非他们不努力，而是因为他们太在乎别人对自己的看法，而从来不问一问自己的内心。别人的嘲笑与讽刺并不可怕，可怕的是自己故步自封将自己的一切梦想扼杀在别人的嘲笑和讽刺之中。

　　不要太在乎别人怎么说、怎么看你，更不要在乎别人的嘲笑。因为有许多人，他们总是习惯于用自己的主观意志来判断事物的价值，不问青红皂白就给以一通嘲笑与讥讽。但他们哪里知道，事物哪里有绝对的价值呢？只要肯努力，不放弃，什么样的奇迹不可以创造？

　　"走自己的路，让别人去说吧！"但丁这句话并不存在对与错之分。既不是颠扑不破的真理，也不能说是不值一驳的谬论，它和其他的事物一样有其两面性。不同的人出自不同的角度，处于不同的环境中，答案自然就不一样了。只有认清了形势，走自己的路，那才是有道理的。

　　所以，在面对别人的说法时，我们要一笑了之，走自己的路，实现要实现的目标才是最重要的，不要为了别人的说法就放弃你的梦想。别人说就让他们说去吧！

心灵悄悄话

　　人应该为自己而活，自己的事情自己做，自己的命运自己掌握，路在脚下，走自己的路让别人说去吧！谁能为你开道？谁能为你引路？靠谁？只有靠你自己。只要步子不错，路就会走直，直到目的地。"走自己的路，让别人去说吧！"

只有爱可以制恨，宽容待人

爱是可以制恨的。我们要学会宽容待人。

从前，有一位乡下人，在大年初一时，发现自家门外多了个非常不吉利的东西——盛骨灰的陶罐。不知是哪个缺德的人干出这样的"好事"，后来察知是邻村的一位仇人干的。他冷静地想了一想，在陶罐里种上一株百合花，花开了，他悄悄地送了过去。这一举动打破了原先的僵局。百合花的盛开化解了两家人的仇恨，同时也捎去了他的仁慈之心。那位邻村仇人在一片真心面前，登门道歉，自惭形秽。他那只占一小片空间的宽容之心也被唤醒了。两人的宽容之心互相交换，冤仇自然消除了。

故事中的乡下人并没有因为别人干的"好事"而反攻对方，而是用"爱"种出花化解了两家的仇恨。试想，如果这个人反过来找上门去骂那家人，那家人肯定也不会罢休，如此两家将会有更大的矛盾，到最后都会受气。这个人宽容待人，用"爱"感化了对方，更让自己得到了爱。

耶稣说："要爱你的敌人。"爱我们的敌人就是爱我们自己，因为爱敌人就是为自己带来和平。

当南方的叛军宣布投降后，林肯立即释放了所有的叛军，让他们安然弃甲归田，过上了幸福的平民生活。有一位身经百战的老兵对林肯的做法很愤怒，他对林肯说，"你怎么可以就这样放走了我们的敌人？"
林肯问："那我们该如何对待这些敌人呢？""消灭他们。"老兵说。林肯回答："是的，我们应该消灭敌人。当这些俘虏都成了我们的朋友，我们的敌人不就是已经被消灭了吗？"这是耶稣"爱敌人"的最好诠释。

很多时候，报复是我们不愿意去原谅的动机。"我要使那人的生活比他使我受到的伤害还糟"。无力原谅是我们不原谅的理由。在一次严重的伤害之后，我们会在情绪上感到，没有足够的力量诚恳地去说："我原谅你。"人们面对伤害，往往想的是恨对方，如何让对方受到伤害，而不是原谅他人。所以，有一些人永远痛苦地活在恨当中，他们只是抱怨别人而不去原谅别人。简单一点说，就是他们让自己生气的同时，也想着办法伤害别人。

其实，有一些事根本不值得我们去生气，别人也可能是无心之过，你又何必在乎那么多呢？不如放下，别人可以恨你，但是你可以用爱去宽容他。但是，如果他对你不好，你报复他，他反过来再报复你，那什么时候才能到结束呀！用一句人们常说的就是"冤怨相报何时了"。

释迦牟尼曾说过："恨永远无法止恨，只有爱可以止恨。"所以误会与怨恨不能用争论来解决，而需要用外交手段和赋予对方同情来解决。不管怎么样，要想让自己活得精彩，就不要活在恨当中。

与他人发生误会时，人们往往会说："我恨你。"但是你恨对方，对方也许并不知情。因为不知情，他也不会有任何损失，反倒是自己的内心因为有"恨"而一刻也得不到平静，痛苦不已。因此，我们要了解，"恨"是世界上最愚痴的行为，所以，就不要犯傻，就不要用"恨"而让自己受气。

唯有懂得宽恕别人，才能得到真正的快乐。佛陀告诉我们："如果一个人的快乐，是希望从别人身上去获得，那会比一个乞丐沿门托钵还痛苦。"

一个精神病人闯进了一位医生家里，开枪射杀了他三个花样年华的女儿；他却仍为那精神病人治好了病。这就是宽恕。

宽恕，是人类的一种美德。宽恕的本身，除了减轻对方的痛苦之外，也是在升华自己。因为，当我们宽恕别人的时候，我们也能得到真正的快乐；如果我们看别人不顺眼，对别人的行为不满意，痛苦的不是别人，而是自己。

一次，拿破仑率领的部队宿营在一个小镇。这个小镇盛产葡萄。当天夜里，一个士兵感到口渴，一时找不到水，他悄悄地来到葡萄架下，顺手摘下一串葡萄，然后津津有味地吃起来。

第二天一大早，葡萄园主发现地上的葡萄皮，立刻判断是来此宿营的当兵的偷吃了葡萄，他找到拿破仑很生气地说："你手下人偷吃了我的葡萄，必须查出来是谁干的！"听到葡萄园主这么一说，拿破仑并没有马上相信，他与葡萄园主走出宿营帐篷，一起来到葡萄架下，果然看见了满地的葡萄皮，他忙赔不是，并拿出钱给葡萄园主，才让葡萄园主停止了发火。

拿破仑在去往帐篷的路上很气愤，他要严厉查办偷吃葡萄的士兵。但他一会儿又冷静下来，告诉自己要忍住，因为眼下正是用人之际，处罚一个人是小事，但会影响到全军士兵的士气，同时他又从人性化角度为那个士兵考虑，长年累月的战争，士兵们吃了很多苦头，看见诱人的葡萄能不流口水吗？这样想过后，拿破仑放弃了查办偷吃葡萄者的决定，他只是在早操的训话时，顺口说了一句："有人口太渴，没有经上司批准，也没有跟葡萄园主打声招呼，就摘了人家的葡萄吃，有失军纪啊。葡萄园主找了我，我向他赔礼道歉，他原谅了，我希望像这类擅自拿老百姓东西的行为不要在我的部队中再次发生。"说罢，他宣布早操集训结束。

事情并没有到此结束。当天中午，那位丢失葡萄的人竟拎着满满一篮子葡萄，来到了部队驻地。他是来慰问官兵的，并向战士们说你们有这样一位长官真是荣幸，他爱护你们像爱护自己的子女一样。拿破仑对葡萄园主人的热情表示感谢，他掏钱给他，葡萄园主不肯收，拿破仑告诉他："我的部队从来不会无偿收人家东西。这是军规。请你不要让我们破坏这军规，好吗？"

葡萄园主立即问："那么，你为什么不处罚那个偷吃了葡萄的士兵呢？"

拿破仑回答道："眼下正是士兵出生入死的时候，他们的表现一直很优秀，如果拿一点小事去衡量一个人的功过对错，那就未免有些小题大做了。"

当时，在场的士兵无不感动，那位一直想隐瞒下的士兵，控制不住感情，勇敢地站出来，他向拿破仑行了一个军礼，说："葡萄是我因找不到水喝，一时丧失意志，偷吃的，请处罚我吧！"

拿破仑见此情景，心里很高兴，他想做一位出色的领导者，就要有容忍和宽容之心，假如自己真的要处罚这位战士话，军队显然就会出现一个整天愁眉苦脸的士兵，这样又怎样实现打胜仗的计划呢？他拍了拍士兵的肩膀，说："我能谅解你这一回，但以后要加强自我约束。"

那名士兵转身对葡萄园主说："对不起，是我偷吃了您的葡萄，我可以加倍赔偿。"

葡萄园主说："你的首长已经赔偿了，我感到不好意思，现在我把钱带回来还给首长。"说罢，准备掏钱，却被拿破仑按住了他的手。

就这样，一场偷吃葡萄的事情就在拿破仑的容忍与宽容下平息了。那位士兵跟随拿破仑转战南北，每次战斗他都勇敢顽强，冲锋在前，立下了赫赫战功。

试想，如果拿破仑拿这件事和士兵生气的话，不但仗打不成，自己也会有"一肚子"的气受。难道他真的没有生气吗？我们从文中可以看到，他生气了，但是他想到了后果，他用爱包容了士兵的错误；没有与葡萄园主争执，也没有拿士兵来发泄。最终决定宽容这个士兵，也有

了后来的胜利，更被人们传为佳话。

在人生的道路上，总会遇到一些让人不开心的事，也总会遇到这样那样的人，关键时刻不要被恨冲昏头脑，想做一个快乐的人，就要学会笑对人生，用爱包容别人。

心灵悄悄话

憎恨别人，就如同在自己的心灵深处种下了一粒苦种，不断伤害自己的身心健康。而不是如己所愿地伤害被他所憎恨的人。别人可能恨你，但别人恨你不管用，除非你也恨他们，而这样你便毁了自己。包容他人，其实就是善待自己的一种方式。要做到胸襟开阔，一般需要认识到"人无完人"，做到"得理让人""宽容待人"。

别为弯路多而生气

人生的弯路，均是走过方知其弯，因此你若不是能掐会算，未卜先知，就难保不偏离目的地，七拐八绕。本来一里的路程却走了十里，或是走了一程又一程却又回到原地，甚至倒退到距目的地更远的弯路。因此，就有许多人为多走了冤枉路而抱怨、生气，浪费了大量的时间。很多人都希望走直线，不愿意走弯路。然而，人生的道路就像线条一样跌宕起伏，形态万千，很少有永远都是一个高度的；但走了弯路的人就会知道，绕不过的这些弯路，走起来辛苦，却能练就人的意志，能让我们创造出更多的财富。

为什么高速公路不是笔直的，设置了许多弯路呢？原来，公路过于平坦，司机易于产生驾驶精神疲劳感，快速反应能力减弱，极易造成交通事故。故而，直线公路段都加以限制。设计了许多半径很大的弯路，来调节司机的心理状态，从而减少交通事故的发生。

生活中，人们总是希望自己的生活、工作都一帆风顺，然而事实又是如何呢？事实总是不能随心所欲，事与愿违。没有一条人生道路是平坦的，总是沟沟坎坎、困难重重。

每个人都不可避免地要遭遇失败。失败可以毁灭一个人，也可以成就一个人。对于一个意志坚定的人来说，失败恰好可以更好地磨炼他、刺激他，最终把他推向成功的高峰。一个人如果害怕失败，则会一事无成。失败的经历并非都是坏事，正如英国小说家、剧作家柯鲁德·史密斯所说："对于我们来说，最大的荣幸就是每个人都失败过。而且，都能从跌倒的地方爬起来。"

高速公路的道路上的弯路是人为设置的，而人生道路上的沟沟坎坎、弯路重重，是不以人们的意志为转移的、不是人能所左右的。人生不如意十有八九，没有一个人生活的道路是一马平川的。贫穷、厄运、失败、挫折、磨难、困苦、艰辛无时无刻困扰着我们的生活。人生路漫漫，何来平坦之有？

爱迪生曾经说过："在困难面前，只有放弃的人才是真正的失败者。"确实如此，只要你不放弃，就没有失败。

杰克现已年过六十。他是一个石油开采者，他一生中每打十口井，就有九口是枯井。可是他依然从逆境中走了出来，成为身价超过五亿美元的富翁。杰克回忆自己的经历说："当年我被学校开除后，就跑到德克隆斯的油田找了一份工作。随着经验逐渐丰富，我便想当一名独立的石油勘探者。那时候，每当我手里有钱了，我就自己租赁设备，做石油勘探。两年里，我一共开采了将近三十口井，但全部都是枯井。当时，我真的是失望极了。"他陷入了困境，都快四十岁了依然一无所获。但是，他没有被困境吓倒，反而更加勤奋努力。他研读各种与石油开采有关的书籍，吸取了丰富的理论知识。等理论知识掌握得非常充分的时候，他又卷土重来，进行石油开采。这一次他遇到的不再是枯井，而是冒油的油井。

挫折是人生中不可避免的，有的人成功了，是因为他们能够坚强地面对挫折；而有的人失败了，是因为他们在困难面前，一蹶不振。如果杰克没有走这么多"弯路"的话，也不可能成功。所以说，我们就不要因为自己走的弯路多而抱怨，而应该感谢它给了你成功。

人生弯路是人生中不可或缺的一环。没有弯路的人生就不是圆满的人生。人们在困难中才感到幸福的存在；在厄运中更感到自由的价值；在困惑中读懂毅力的力量；在屡次失败中更明白怎样才能成功。

人生的弯路，是培养人们才干、锻炼人们意志的励石；是催人奋进的催化剂。正所谓："宝剑锋从磨砺出，梅花香自苦寒来。"有时，弯路也是一种财富，它使人们更丰富、更能从容应对今后的沟壑与风雨。

现实生活中，我们因为不知道前方的路会如何，会走很多弯路，在弯路中也会遇到很多挫折，但我们不应该生气，因为我们获得的比别人更多。诗中说："应知天地宽，何处无风云，应知山水远，到处有不平。"它阐明了一个基本道理：挫折本是生活的组成部分，每一个人都会遇到，不是遇到大坎坷，就是遇到小挫折。

然而，很多走了弯路的人就会因为多走弯路而生气，认为走弯路是错误的。可能有些人没有成功，但是他们还是得到了许多经验，那些经验是一生都受用的。而那些成功的人呢，他们早已深知了成功的艰辛与困难，就会更加努力。相反，那些想快速得到成功而去走捷径的人呢，虽然也有很多人成功了，但是成功来得快，去得也快。多走一些弯路，未必就是浪费时间，或许会有另一种收获。

在人生的道路上，我们迎接着风雨带来的说不尽的艰难，一路的尘土夹杂着丝丝惆怅，有的时候会走很多弯路才能实现我们的目标。人生就是这样，不可能一帆风顺，到处都有坎坷。弯路让我们走得更长，更苦，但让我们懂得更多。所以，我们要笑对弯路，更要笑对弯路中的挫折带给我们的考验。

正因为溪流有阻碍，所以才能有潺潺的流水声；正因为有了秋霜的击打，所以秋天的枫叶才会红得那样透彻；人生的乐章，正是因为有了各种困难、挫折，才会变得壮美！

给挫折一个微笑，它能给你战胜挫折的意志。我们前进的脚步总是让挫折绊住。我们要做生活的主人，不要坐在绊脚石的面前唉声叹气而耗尽了生命，要学会微笑着用有限的生命来超越无限的自己；给挫折一个微笑，它能让你把痛苦瞬间减少。长期沉迷于痛苦的失意中只会让人不能自拔，整日里思索着挫折带来的痛苦，不肯忘却挫折带来的前进方向。只有微笑，才能让你重新振作，才能让你摆脱挫折的阴影，走向辉煌的未来。

在挫折面前，有的人会出现暴怒、恐慌、悲哀、沮丧、退缩等情绪，影响了学习和工作，损害了身心健康。而有的人却笑对挫折，对环境的变化做出灵敏的反应，善于把不利条件化为有利条件，摆脱失败，走向成功。

当我们面对挫折的时候，就不要为自己所遇到的这一切抱怨和生气，而应该笑对挫折，感谢挫折。因为虽然经历了挫折，但我们却得到了很多的东西。

心灵悄悄话

生活之路崎岖坎坷，有直路也有弯路。直路可以提高效率，弯路可使人得到磨砺，面对直路不要沾沾自喜，面对弯路也不要唉声叹气。不管是何种路，只要执着地走下去，就一定能顺利抵达心中的"罗马圣地"。

正确对待你的过失

在我们工作中，过失是常有的事，我们不能回避它，关键是在这些过失发生后，我们要学会正确对待过失，学会开动脑筋，学会灵机一动，学会从过失中发现什么，得到启迪。

奥地利心理学家阿得勒是一名钓鱼爱好者。一次，他发现了一个有趣的现象：鱼儿在咬钩之后，通常因为刺痛而疯狂挣扎，越挣扎，鱼钩陷得越紧，越难以挣脱。就算咬钩的鱼成功逃脱，那枚鱼钩也不会轻易从嘴里掉出来，因此钓到有两个鱼钩的鱼也不奇怪。在我们嘲笑鱼儿很笨的同时，阿德勒却提出了一个很相似的心理概念，叫作"吞钩现象"。

每个人都会有一些过失和错误。这些过失和错误有的时候就像人生中的钓钩，让我们不小心就咬上，深深地陷入心灵之后，我们不断地负痛挣扎，却很难摆脱这枚"鱼钩"。也许今后我们又被同样的过失和错误绊倒，而心里还残留着以前"鱼钩"的遗骸。这样的心理就是"吞钩现象"。

"吞钩现象"是神经高度紧张、情节反复厮磨的结果。每当一个人对生活有顺应不良的心理困扰，就会把埋藏在潜意识深层的阴影激活，制造过失。阴影总是通过过失表现出来的。无论出现什么偶然的、突发的过失，从心理学角度讲，都有它的必然性、自发性。

但是，我们应该避免这些事情破坏和改变人性，这也是避免心理疾

病出现的目的。所以，当我们犯错误的时候，要知道自己错在什么地方，如何解决才行，而不是无谓地生气，把自己弄得伤痕累累。生活的旅途中，往往有很多人对曾经的错误和失败耿耿于怀，遇到问题时瞻前顾后把这些作为压力来承担，许多机会和风景在犹豫中错失，然后在另一次感慨中让怀里突然再增加一块新的石头。

"如果你只看到路边的小石头，你脚下的路很快就会走完。不要为一个小小的过失而生气，去攀登高山吧，那是生命向你发出的邀请……"背负着从前的错误和痛苦又怎么能攀登高山呢？只有在错误和痛苦中总结出经验教训作为后事之师才能轻装上阵。

每个人都有错误。如果执着于过去的错误，就会形成思想包袱，不信任、耿耿于怀、放不开，限制了自己的思维。不少人对错误耿耿于怀，总要花费许多心思去化解、解释、寻找不是自身错误的理由。在这样苦苦寻找的过程中，错误提供的巨大机会也就会消失殆尽。世人赞誉弥勒佛，"大肚能容，容天下难容之事；开口便笑，笑天下可笑之人。"其中颇有玄机：开口便笑是果，大肚能容是因。所以人若要学弥勒佛开口便笑，首先要做的就是大肚能容。"量小非君子，无度不丈夫"，大肚不是每个人都可拥有的，但度量却是每个人都可以修来的。如若一点小事便将"肚皮"给气破了，爽朗的笑声又从何而出呢？又怎么会成功呢？善待自己，何不对自己也宽容一点呢？

不论任何事，是成是败，是荣是辱，是苦是甜，都一笑了之，轻轻放过。这样的人，一定是世界上最开心的人、最幸福的人。我们要相信，每个人都希望自己做到这一步；我们也要相信，如果让自己这样活一辈子，哪怕是少活几年，也有很多人愿意这样生活。所以，不要对自己小小的过失耿耿于怀，我们可以把"小过失"看成是"获得成功"的成本，是合理的和必要的，但最好小一些。这并非是说我们应该缩手缩脚，而是应该善于从错误中学习。爱迪生就是经过上万次的"错误"，才发现了制造电灯的正确方法。他是智者，不懂得总结经验，在同一个地方跌倒两次的人却是真正的傻瓜，一个为小过失生气的人更是一个傻瓜，而一个聪明的人会把自己的过失当成成功的垫脚石。

美国一家商业机器公司，有一位高级职员由于工作的过失，造成了1000万美元的巨额损失。这位高级职员为此寝食不安，异常紧张慌恐。许多人都建议董事长给他撤职开除的处分。然而这家公司的董事长却没有那样做，而是将他叫到办公室，通知他调任同等重要的新职。这位高级职员感到大惑不解，问为什么不将我开除，至少降职？董事长笑了笑回答说，要是那样做的话，岂不是在你身上白花了1000万美元的学费？这位高级职员非常感动。后来，他把过失当成了动力，以惊人的毅力和智慧，为公司做出了巨大贡献。当有人问起董长这件事时，这位董事长说，要学会正确对待有过失的人，我也欣赏过失，因为过失是企业家精神的一种"副产品"，如果给过失的人以真诚的信任，他的进取心和才智就可被大大地激发出来，完全可以超过没有过失、没受过挫折的人。

作为一个凡人，过失、屈辱、错误和失落在我们身上时时发生。当它深入我们心灵深处时，带给我们的就是痛苦。只有我们放下了这些，才能从痛苦和迷茫中解脱出来；如果过分在意，只能会让自己对生活失去信心。正所谓"退一步海阔天空"。正确对待过失，愚蠢的人只会生气，聪明的人懂得去争气。人生有顺境也有逆境，不可能处处是逆境；人生有巅峰也有谷底，不可能处处是谷底。因为顺境或巅峰而趾高气扬，因为逆境或低谷而垂头丧气，都是浅薄的人生。真正的人生需要磨炼，面对挫折，如果只是一味地抱怨、生气，那么你注定永远是个弱者。

我们千万不能忽视过失的意义，要学会正确对待过失。其实，过失是一种宝贵的经验教训，少了它，成功就也没了分量。成功往往伴随着过失、挫折而来。我国著名京剧表演艺术家盖叫天，为了表现武松的英姿，为了从"假武松"中走出来，为了从"小眼"中找到"精神"，就在一次次的过失中发现了火柴棍的另一种用途，在眼皮中间撑两根火柴

棍来练习，让眼睛睁大睁圆。为了使腿部挺直，他又从一次次的过失中发现了筷子的妙处，在腿弯处绑上两根削尖了竹筷子，让腿部挺直。他不知道经历了多少次过失、挫折和失败，终于练成了舞台上的"真武松""活武松"；有位作家在创作写作品时，稿纸上总是写一行留两行。有人不理解时，这位作家说是为自己发现过失、改正过失留下的空间，是为了创作出精品铺设的"金光大道"。

心灵悄悄话

学会正确对待过失，因为过失不仅是我们每个人一生中不可回避、必然出现的组成部分，而且由于它的出现会使人生的道路逶迤多姿。动人的音乐多在过失的琴弦上飞出，成功的奇葩多在过失中盛开。只有遇到风暴、岛礁，生命之水才能激起澄亮的浪花。

把自己贫穷的家庭看作资本

　　每个人都无法决定自己生活环境的贫富，有的人生在一个富裕的家庭里，而有的人却生在一个贫穷的家庭里，这是我们无法改变的。即使你目前还处于贫穷，没有关系，我们可以凭着后天自己的努力，用劳动创造财富，改变现在的贫穷！

　　面对贫穷，我们不应该埋怨，而应调整心态，学着接受和面对。因为贫困，向上进取的动力应更强；因为贫困，我们更要克服眼前暂时的困难，不断学习先进的科学文化知识来改变自己的处境。而改变贫穷成为富有需要经过后天努力。我们应该把自己贫穷的家庭看作资本，去创造财富，改变现状。

　　贫穷在用寒冷、饥饿摧残着穷人身体的同时，又在鞭策着穷人奋力向前、摆脱困境。而穷人不断拼搏、不怕吃苦的意志正在这种奋力前行中形成，成为人生中最宝贵的精神财富。这种财富，对于许多不知人间冷暖、不谙世事艰辛的"富人"来说，是难以拥有的。所以，贫穷，未尝不是一种拿金钱也买不来的资本。

　　一个生长于奢侈生活环境中的青年，一个常依赖父母而不用自己的劳力挣饭吃的青年，一个从小被溺爱惯坏的青年，是很难具有超凡的本领的。

　　有人问一位著名的艺术家，那个跟他学画的青年将来能否成为大画家，他十分果断地回答说："不，永远不可能！你想想，他每年都有6000英镑的花费！"有人问球王贝利，他的儿子能否成为第二个贝利，

贝利说："虽然他的先天条件比我要好，但他不可能成为第二个贝利，因为他的条件决定了他吃不了我所吃的苦。"这位艺术家和贝利的心里最为明白，一个人的本领需要从艰苦奋斗中锻炼出来。可见，如果一个青年人沉浸于纸醉金迷之中，满足于奢侈生活的享乐，这种精神就很难形成。

其实，贫穷并不可怕，可怕的是我们不懂得如何利用它。贫穷是一生历久弥新的永恒财富，是一种"火的熔炼"，只有坚持下去才能把自己锻造成器。许多人在面临贫穷时，他们通过自己的努力挣回了养活自己的钞票，也积攒着别人不曾有的经历和经验，使贫穷成为自己人生中不可缺少的一种财富。正如一个著名成功人士所言："生前没有经历困难的人，他的生命是不完整的。"把贫穷当作动力、当作资本，更有利于我们成功。

一个人在年轻时，贫穷一点其实没有什么关系，许多成功致富的人年轻时也曾十分贫穷。一个人只要有青春活力，就拥有一笔巨大的财富，这是他们成功的资本。贫穷就是他成功的基础，也是绝好的锻炼人的环境。每一个穷人都想脱离贫穷，世界上再也没有比极力想脱贫、致富这种行动更强大的力量了。因此，我们应该感谢贫穷。因为，它给你带来努力与希望，它让你的青春充满力量。

在现实生活中，不难发现，那些贫穷的人往往能够锻炼出非凡的能力。能力是战胜困难的结果。生长于奢侈之中，自小被溺爱惯的青年，是罕见具有大本领的。比较起来，富家子弟像温室里的小树苗，而穷人家的孩子饱受风吹雨打，更容易长成高大的树。

历史上贫穷的人有很多，他并没有因为贫穷而生气，而是化生气为动力，去改变自己的贫穷。东晋车胤囊萤夜读，官至中枢侍郎。西汉匡衡凿壁借光，拜为丞相。明太祖朱元璋为讨生计而剃发出家，终成一代帝业。因而，贫穷并不是一根耻辱柱。相反，它是一条引导我们向上爬的阶梯。是它，让我们在人生之路上走得踏踏实实；是它，让我们学会在自己已经饿得精疲力竭的时候还不忘拉别人一把；是它，让我们尝遍了人世间酸、甜、苦、麻、辣五味；是它，让我们练就了铮铮铁骨。它是我们成功的动力，是我们成功的资本。

卡耐基说："一个年轻人最大的财富莫过于出生于贫穷之家。"我们要把自己贫穷的家庭看作资本，来改变贫穷的家庭，从而创造出自己的财富。贫穷虽然不能给人带来任何利益，但能磨炼人的品性、意志。许多人凭借这些来冲破困境、阻力，打开一条从没有人打开过的通往成功之路。

福勒出生在美国路易斯安那州一个贫困的黑人家庭。他在 5 岁时就开始劳动。福勒的大多数伙伴都是佃农的孩子，他们很早就参加劳动。这些家庭认为贫穷是命运的安排。因此，并不要求改善自己的生活。

小福勒与其他小朋友不同之处就是：他有一位不平常的母亲，母亲不肯接受这种仅够糊口的生活。她时常对儿子说："福勒，我们不应该贫穷。我不愿意听到你说：我们的贫穷是上帝的意愿。我们的贫穷不是上帝的缘故，而是因为你的父亲从来就没有产生过致富的愿望。我们家庭中的任何人都没有产生过出人头地的想法。"

"没有人产生过致富的愿望"。这个观念在福勒的心灵深处刻下深深的烙印，以至于改变了他整个的人生。他决定把经商作为生财的一条捷径，最后选定经营肥皂。于是，他挨家挨户出售肥皂长达 12 年。

后来，他获悉供应肥皂的那个公司即将拍卖出售。福勒很想把它买下，他依靠自己在多年经营活动中树立的良好信誉，从朋友那里借了一些钱，又从投资集团那里得到了帮助，筹集到 11.5 万美元，但还差 1 万美元。当他漫无目的地走过几个街区后，看到一家承包事务所的窗子里还亮着灯。福勒走了进去，看见写字台后面坐着一个因深夜工作而疲惫不堪的人，福勒直截了当地对他说："你想挣 1000 美元吗？"这句话吓得这位承包商差一点倒下去，"想，当然想。"

"那么，请你给我开一张 1 万美元的支票，当我还这笔借款的时候，

将另付出 1000 美元利息给你。"在福勒离开这个事务所的时候，口袋里已经装了一张 1 万美元的支票。

后来，他不仅得到那个肥皂公司，而且还在其他 7 个公司和一家报馆取得了控股权。当有人与他一起探讨成功之道时，他就用母亲多年以前所说的那句话回答："我们是贫穷的，但不是因为上帝，而是我们从来没有想到致富。"

贫穷本是困厄人生的东西，但经由奋斗而脱离贫穷，便是无上的快乐。两度出任美国总统的格鲁夫·克利夫兰起初也不过是个穷苦的店员，每年仅能得到微薄的工资，他后来说："的确，极度贫困能使人全力地去为之奋斗。"正因为他们把贫穷当作成功的动力，所以他们成功了。

贫穷可以磨砺人的智能，所以许多伟人最初都是很落魄的；贫穷也能进化人的道德，振奋人的精神。

所以，出生于贫穷家庭的人们，不要再抱怨自己的家庭了，应把自己贫穷的家庭看作资本，改变贫穷，创造财富。

心灵悄悄话

在勇士的眼里，艰辛也是一种快乐。如果我们从历史中去搜寻证据，便会看到，人的勇敢、正直、大度，并不取决于他的财富，反倒取决于他的寒微。至勇者往往是赤贫者，他们往往感到自己有足够的力量实现自己的理想，因为贫穷的家庭是他们"坚实"的后盾。

厄运之后见幸运

在活中，很多人总是抱怨："为什么我是天下最不幸的人？""苦难为什么总是来找我？""厄运为什么不降到别人身上？"等。其实，厄运并不是只降临到你一个人身上，别人也是一样的。每个人都不会是永远的幸运儿，都会遇遭厄运。

在同样一个时代里，每个人却有着不同的命运，有的人在事业上能够飞黄腾达，有的人却是平平淡淡度过一生。为什么人与人之间会存在如此大的差异？如何才能改变自己的命运？首先一个人成功跟自己的刻苦努力是分不开的，"全力以赴做好每一件事的人，就能够赢得命运之神的眷顾。"

你可能早就发现，当意料不到的好运出现在我们面前时，我们会毫不犹豫地接受它，绝不会有一丝踌躇；而面对突如其来的困难和厄运，我们就会得出这样的结论——命运对我们是如此的不公平，从而为自己的停滞不前和心灰意冷找到一个绝好的借口，然后选择放弃。尽管我们无法左右命运，但是面对命运的安排，我们至少应该学会控制自己的反应和态度。要做一个坚韧不拔的人，因为只有弱者才会因为命运的不公而抱怨。

逆境可以使我们变得更加坚强、更富有智慧。把自己的失败归罪于命运和运气的不佳是弱者的表现。在激烈的竞争中，最有价值最宝贵的东西常常隐藏在逆境中，等待你去发现和获得。在任何情况下，我们可能会遇到这样或那样的不顺，这是任何人都无法预测的。面对逆境，优秀者会坦然接受，绝不轻言放弃，因为他们能够看见隐藏在逆境背后的

机遇。具备了这样素质的人，自然比一个遇到挫折就丧失信心的人更有优势，更易获得成功。

所以，在人生的旅途中会遇到各种挫折，但这并非失败，只要坚信：从绝望中寻找希望，失败才会有一线转机。世间万事皆有因，只有不断地去努力、克服，把握每一次机会就能使我们的命运由坏变好，由厄运变为幸运。

其实，厄运往往是另一个命运的起点，不去计较才能成就新的命运。一味埋怨，厄运也不会成为幸运；只有迎接厄运，将厄运当成是激发你心灵潜力的动力，才能化厄运为力量。

不可否认，厄运会给你带来思想上的压抑、精神上的痛苦、心灵上的创伤、身体上的摧残。因此，我们要冷静、要挺住，而且要有常人不能承受的忍耐。在忍耐过程中要细思产生厄运的原因、寻求渡过难关的办法。

人们常说：忍字心头一把刀，遇事不忍把祸招。若能忍得心头怒，事后方知忍字高。不管怎么样，不幸的事已经发生了，你生气也会发生，不生气还会发生，为何不乐观一点呢？

勇敢乐观面对现实，就会发现厄运并非全是坏事，它有助于培养和造就人才。一个人不尝尝苦辣酸甜的滋味，可能就永远是一个幼稚者。清代金缨在《格言联璧》中云："容一番横逆，增一番气度。"无数杰出的人物都是从苦难中走出来的，正是苦难成就了他们。苦难对于他们来说，是上天的一种恩赐。

明朝末年，史学家谈迁经过 20 多年呕心沥血的写作，终于完成明朝编年史——《国榷》。

面对这部可以流传千古的巨著，谈迁心中的喜悦可想而知。然而，谈迁没有高兴多久，"厄运"就降临了，发生了一件意想不到的事情。

一天夜里，一个小偷进他家偷东西，可是小偷发现他家徒四壁，无物可偷，以为锁在竹箱了的《国榷》原稿是值钱的财物，就把整个竹箱偷走了。从此，这些珍贵的稿子下落不明。二十多年的心血一夜之间化为乌有。这样的事情对任何人来说，都是致命的打击。对年过六旬、两鬓已开始花白的谈迁来说，更是无情的重创。可是谈迁并没有一蹶不振，他很快从痛苦中崛起，下定决心再次从头撰写这部史书。

谈迁凭着自己的毅力，继续奋斗十年后，又一部《国榷》诞生了。新写的《国榷》共104卷，500万字，内容比原先的那部更翔实精彩。谈迁也因此名留青史、永垂不朽。他靠自己的努力最终取得了成功，但是他也可以说是幸运的。试想，如果那本原稿不丢的话，他又怎么会写得出更多的精华呢？所以说，厄运之后一定会出现幸运，厄运与幸运是并存的。

厄运并不总是致命的，厄运也并不总是长久存在的。在生命的进程中，好事变坏事，坏事变好事的情况是经常发生的。有时候，厄运就是一种难得的契机，因为它将你逼到了不得不选择走另一条路的地方，而当你一旦踏上了这一条新路，成功就在向你招手了。面对厄运，我们应该坦然，要相信自己并不是一个不幸的人。

杰克·伦敦，就是一位苦难造就的伟大作家。当厄运降临时，我们不应该悲伤、生气，而要笑对不幸。要知道，厄运与幸运是并存的，厄运之后就会有幸运。

第一次往往是青涩的，第二次才会显示出成熟。也许，偶尔遭受点厄运，你的人生才会更加精彩、更加辉煌。

不论在什么时候发生了什么事情，你都要记住：厄运与幸运往往是交替出现的。当幸运来临时，固然要把握它、利用它，而当事情开始向坏的方面转化时，或者，当所谓厄运当头时，就要当机立断，将厄运的影响降低到最小，并努力摆脱它所带来的阴影，让生命开始新的征程。思考、勇敢，再加上努力的行动，厄运就会对你无可奈何，而幸运之神就会光顾于你。

厄运是调动隐藏在人们内心深入潜力的动员令。每个人在自我生命

的内心深处都隐藏着一种潜力和智慧。这种潜力和智慧，只有在被讽刺、被嘲笑、被欺凌、被诬陷、被围困的时候，才能最充分地爆发出来，才能最机敏地表现出来。我国的屈原、左丘明、孙子、司马迁等，不仅是"沉疴无碍著雄文"，而且是"命运不济文章兴，坎坷化作民族魂"。

人生路上，我们要正确对待逆境，乐观地面对生活给我们的考验，相信厄运之后就会见幸运。

心灵悄悄话

人们常说：奇迹是厄运给厄运者的回报。培根说："奇迹是多在厄运中产生的。"奇迹之所能在厄运中产生，原因是多方面的。命运之神常常是把这道门关上了，但它同时却把另一道门打开了。

愤怒——不会作天莫作天

216